MÉMOIRE

SUR LES PROCÉDÉS DE

BOISEMENT

Qui doivent être suivis en Sologne,

AVEC TABLEAU AIDE-MÉMOIRE INDIQUANT LA CULTURE DES ESSENCES
SIGNALÉES TANT RÉSINEUSES QUE FEUILLUES,

PAR

P. S. FENNEBRESQUE,

Ancien Élève de l'École Impériale d'Agriculture de Grignon, Vice-Président
de la Société d'Agriculture d'Indre-et-Loire, Directeur
des cultures de la colonie de Mettray.

Ouvrage qui a obtenu une Mention honorable et une Médaille d'argent
décernées par le Comité central agricole de la Sologne,
séance du 15 octobre 1865.

ORLÉANS,

IMPRIMERIE D'ÉMILE PUGET ET Cⁱᵉ, RUE VIEILLE-POTERIE, 9.

1866.

MÉMOIRE

SUR LES PROCÉDÉS DE

BOISEMENT

Qui doivent être suivis en Sologne,

PAR

M. FENNEBRESQUE,

Ancien Élève de l'École Impériale d'Agriculture de Grignon, Vice-Président
de la Société d'Agriculture d'Indre-et-Loire, Directeur
des cultures de la colonie de Mettray.

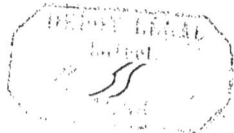

Ouvrage qui a obtenu une Mention honorable et une Médaille
décernées par le Comité central agricole de la Sologne,
séance du 15 octobre 1865.

ORLÉANS,

IMPRIMERIE D'ÉMILE PUGET ET Cie, RUE VIEILLE-POTERIE, 9.

1866.

(C.)

EXTRAIT

Annales du Comité central agricole de Sologne.

« Par décision du Comité central de Sologne, en date du 15 octobre 1865, et sur le rapport de M. G. Baguenault de Viéville,

Une Médaille du Comité et une Mention honorable

ont été décernées à M. Fennebresque, ancien Élève de l'École de Grignon, Vice-Président de la Société d'Agriculture d'Indre-et-Loire, Directeur des cultures de la Colonie de Mettray, pour son Mémoire sur les procédés de *Boisement* en Sologne.

« Sur la proposition de M. le Sénateur-Président, le Comité a voté l'impression des Mémoires couronnées, pour la distribution en être faite en Sologne, avec le rapport de M. Baguenault. »

MÉMOIRE

PROCEDÉS DE BOISEMENT

QUI DOIVENT ÊTRE SUIVIS EN SOLOGNE[1].

———◦◦◦———

QUESTIONS PROPOSÉES

PAR LA COMMISSION DE BOISEMENT DU COMITÉ CENTRAL DE LA
SOLOGNE, DANS SA SÉANCE DU 31 JUILLET 1864 :

Ire. *Quels sont les procédés de reboisement qui doivent
être suivis dans la Sologne ?*

IIe. *Quel est le choix des essences qui doivent être employées soit isolément, soit simultanément ?*

IIIe. *Un sol étant donné à boiser en Sologne, est-il plus
avantageux de faire succéder une pinière à une pinière en
les séparant par des cultures de céréales avec engrais artificiels, que semer en même temps des pins et des bois
feuillus ?*

IVe. *Parmi les espèces de pins, lesquelles doivent être
préférées ?*

Ve. *Quant à celles qui comportent le repiquage, le semis
est-il plus avantageux que le repiquage ?*

---

(1) Après le jugement du Concours et la communication faite à M. Fennebresque du rapport de M. Baguenault de Viéville, M. Fennebresque a cru
devoir apporter à son œuvre certaines modifications et additions ; il en
avait assurément le droit, mais il convient que le lecteur en soit averti.
(*Note de M. le Président du Comité.*)

RÉPONSE

aux Questions proposées.

<table>
<tr><td>Examen du sol
et
du sous-sol.</td><td>

Avant de se déterminer à reboiser un terrain, il est de l'intérêt de celui qui se propose d'entreprendre une telle opération d'en connaître la nature et d'en constater la situation, c'est-à-dire l'état dans lequel il se trouve. Ce sol, en effet, peut avoir été soumis antérieurement à la culture ou avoir été délaissé depuis longues années, ou être envahi par la bruyère, ou présenter enfin un ensemble de sables et de terres vagues dépourvus de toute végétation.

Si nous signalons l'étude du sol comme un des points importants à considérer, c'est que nous pensons qu'il est imprudent d'imposer à un sol en général une essence quelconque sans avoir quelque garantie que cette essence s'adapte parfaitement à son caractère minéral. Il est reconnu en agriculture qu'on ne peut demander à une terre à seigle un blé, et *vice versâ*, sans s'exposer à des chances d'insuccès. De même, en matière de sylviculture, l'observation et la pratique ont appris que tous les végétaux ligneux ne prospéraient pas indistinctement partout, que leurs organes radiculaires avaient besoin de rencontrer certains éléments particuliers pour s'y développer ; en un mot, que la terre où croît le chêne n'était pas précisément celle qui convient le mieux au châtaignier, et qu'il faut à chacune de ces espèces un sol dont la composition fournisse des aliments appropriés à leur constitution respective.

</td></tr>
</table>

La nature du sol et du sous-sol de la Sologne doit être rappelée ici sommairement, parce qu'elle joue un rôle trop capital dans les opérations de reboisement, pour passer sous silence ce point de départ de toutes les tentatives qui pourront être faites.

En effet, les indications que nous nous proposons de donner sont particulières à cette région, et nous raisonnerions sans doute autrement s'il s'agissait des landes de Gascogne, et sûrement si nous avions à traiter de celles de Bretagne. Tout est relatif, même en matière de sylviculture.

D'après la carte géologique de France, de MM. El. de Beaumont et Dufresnoy, les 460,000 hectares qui composent cette contrée comprise entre la Loire et le Cher, sont formés de portions plus ou moins considérables des départements de Loir-et-Cher, du Cher et du Loiret. Ils appartiennent à un terrain de transport de l'époque tertiaire moyenne.

En langage pratique, nous ajouterons que la Sologne est généralement représentée par un sol siliceux reposant sur un sous-sol argileux, dont l'imperméabilité s'oppose aux infiltrations des eaux pluviales et rend la couche supérieure impropre et rebelle aux travaux d'agriculture, aussi bien qu'à ceux de sylviculture.

La présence de l'eau à l'état à peu près permanent n'a pas seulement l'inconvénient de frapper ce pays de stérilité, mais encore de le rendre insalubre, inhabitable, et de donner naissance à des affections morbides qui réduisent la population à des proportions exiguës, puisque sa densité, comparée à celle des autres départements, est la plus faible.

Nous croyons donc que, préalablement à toute espèce d'entreprise, l'assainissement par un drainage à *ciel ouvert* (tant qu'il s'agira de travaux forestiers), par de petits canaux et des collecteurs aussi nombreux que le sol l'exigera, puis l'abaissement du niveau des étangs, est la question qui a la priorité sur toutes les autres, parce que la présence de l'eau est la cause paralysatrice de toute culture, quelle qu'elle soit.

Nous ne sommes assurément pas les premiers à énoncer une telle opinion. Dès 1780, on sollicitait l'assemblée provinciale du Berry d'ouvrir un canal qui eût traversé la Sologne. Sept années plus tard, l'illustre Lavoisier, qui avait parfaitement interprété cette situation, présentait la même idée *comme le plus sûr remède à l'insalubrité du climat et le meilleur moyen de favoriser les plantations, et notamment celle du pin* (1).

Lavoisier avait proclamé une incontestable vérité. L'eau qui stagne à la surface de la terre, acquiert à la longue des propriétés corrosives qui compromettent l'existence de tous les végétaux organisés (2). Il nous est arrivé de vouloir planter en dépit de cette cause de détérioration, et après avoir vu dépérir successivement presque tous les sujets,

---

(1) *De la canalisation de la Sologne,* par l'Ingénieur en chef du service spécial d'amélioration, page 4.

(2) Lorsque l'humus demeure toujours dans l'humidité, sans cependant qu'il soit entièrement recouvert d'eau, il s'y développe un acide qui est très-sensible à l'odorat et qui est plus particulièrement caractérisé par la propriété de rougir le papier bleu. Ces circonstances sont connues depuis longtemps ; c'est elles qui ont fait donner la qualification *d'acides* aux prairies et aux terrains qui présentaient ce phénomène. Nous avons examiné ces faits de près, et après avoir recherché la constitution particulière de cet acide que nous croyions avoir le carbone pour base, nous nous sommes ensuite convaincus que cet acide est composé en plus grande partie d'acide acétique, quelquefois aussi d'acide phosphorique. Cet humus est produit par des végétaux qui contiennent beaucoup de tannin et en partie par la bruyère. Dans les places où cette famille de plantes vivaces a pris possession du sol, on trouve souvent une terre dont la couleur, tout-à-fait noire, est essentiellement due à l'humus, quoique suivant toutes les apparences, le fer y est aussi quelque part. Cet humus est absolument insoluble et ne favorise la végétation que des végétaux dont il est provenu. (*Agronomie, Chimie agricole et Physiologie,* par BOUSSINGAULT, 1er vol., p. 376.)

nous avons fini par où nous aurions dû commencer, nous avons assaini, et le succès a été complet et significatif.

Les procédés de reboisement qui doivent être adoptés pour la Sologne ne diffèrent pas de ceux qui sont propres à toute autre espèce de sol. Ils doivent varier, comme nous l'avons dit plus haut, en raison de la nature du sol et des plantes qui l'occupent, puis de l'espèce de graine ou de fruit, quand il s'agit, par exemple, de pin, de gland ou de châtaigne, dont on veut composer la nouvelle plantation.

1re Question.

Le reboisement est en raison de la nature du sol.

Pour répondre à la première question, nous supposerons des terrains dans toutes les conditions, et nous indiquerons ce qu'il convient de pratiquer sur chacun d'eux pour les boiser soit en essences résineuses ou feuillues, soit par la voie du semis ou de la plantation.

Conditions diverses démontrant les procédés à adopter.

1° Terrain *cultivé antérieurement* (un hectare).

A Terrain de nature *silico-argileuse ou siliceuse*.

1° Terrain cultivé antérieurement A de nature silico-argileuse ou siliceuse.

Le mode de reboisement le plus simple et le plus économique, dans de telles conditions, consiste à semer ce terrain en avoine ou en sarrasin au printemps, et à semer en même temps de la graine de *pin maritime* à raison de 10 kilogrammes.

Essence.

Ces graines résineuses sont recouvertes par le dernier hersage qui est donné au grain, et la dépense ne se compose que des frais du semeur ou................ » f. 50 c.

Procédé d'ensemencement et frais.

Dix kilogrammes graine de pin maritime, à 0 fr. 60 c..................... 6   »
                                                    ———————
                                                    6 f. 50 c.

Jusqu'au moment de la récolte, il n'est pas besoin de s'occuper de ce pin, mais quand ce temps est venu, il est urgent de couper la céréale à la faucille, à une hauteur au-dessus du sol, de 0m 08 à 0m 10 centimètres pour ne pas endommager les jeunes sujets résineux qui, dépourvus de leur tête, à cet âge, seraient entièrement perdus.

Observation essentielle.

Une fois la récolte enlevée, le nouveau semis doit être interdit aux bestiaux d'une manière absolue.

Il est bien rare que le produit de l'avoine ou du sarrasin ne couvre pas les frais de culture, et, dans ce cas, le semis résineux n'aura coûté que la somme énoncée ci-dessus, ou 6 fr. 50 c.

B Terrain de nature *argileuse* et *argilo-calcaire*.

Le *pin maritime* a peu de succès dans ce genre de sols, et il est à propos, pour les boiser utilement, de recourir au *pin sylvestre*. Comme garniture temporaire et seulement à ce titre, on peut employer le pin maritime dans la proportion suivante, dans le but d'accompagner le pin sylvestre pendant les premières années, et pour ne laisser que ce dernier après les dernières éclaircies.

Le semis pourra également avoir lieu dans une céréale, et on emploiera : pin maritime, 8 kilogrammes à 0 fr. 60 c............................ 4 f. 80 c.

Pin sylvestre, 3 kilogrammes à 5 fr........ 15 »

Frais du semeur .... » 50

20 f. 30 c.

Observation. — Les terrains cultivés antérieurement se prêtent à un autre genre de boisement, celui de la création des bois feuillus et du chêne en particulier.

A la Roche près Poitiers (Vienne), chez M. le duc des Cars, à l'automne qui succédait à la récolte de grain dans laquelle on avait déjà jeté du pin maritime, des ouvriers creusaient à la distance de 2 mètres en tous sens, et sans égard pour les jeunes pins, des *poquets* ou petits trous de 0^m 12 centimètres carrés, sur une profondeur de 0^m 07 centimètres à 0^m 08 centimètres dont ils ne tiraient au-dehors que la moitié de la terre environ. Des enfants venaient après portant dans des paniers du gland

Marginalia: B Terrain de nature argileuse et argilo-calcaire. — Essences. — Procédé d'ensemencement et frais. — Procédé économique de reboisement avec les bois feuillus. — Application de ce procédé. — Choix du gland. — Procédé pour vérifier sa faculté germinative.

choisi (1); ils en jetaient une quantité de quatre par poquet, puis ils recouvraient ces glands en ramenant, à l'aide du pied, la terre qui en avait été extraite.

A la distance de 2 mètres il y avait 2,500 poquets pour le creusage desquels on donnait 3 fr. 50 c. du mille, ensemencement et recouvrement compris. Frais.

La dépense s'élevait donc, pour 2,500 poquets, à 3 fr. 50 c. du mille. . . . . 8 f.75 c.

2,500 poquets à quatre glands, soit 10,000 ou 0, 36 litres (le litre contient 280 glands ou l'hectolitre 28,000) à raison de 5 fr. de l'hectolitre, ou 0 fr. 05 c. le litre. 1   80

    11 f.55 c.

Si on y ajoute la dépense de pin semé au printemps. 6   50

On a pour le boisement d'un hectare en pin et bois feuillu. . . . . 18 f.05 c.

L'avantage de ce mode de boisement repose sur une moindre dépense de glands qu'à la volée, puisqu'au lieu de Comparaison
entre le
semis au poquet
et celui
à la volée.

(1) Nous entendons par gland *choisi*, celui qui a été préalablement soumis à la vérification suivante : On place à côté du dépôt de glands de semence, un baquet contenant environ 150 à 200 litres d'eau. On y jette successivement le nombre d'hectolitres de glands que l'on croira pouvoir être semé dans la journée, et tous ceux qui surnagent sont mis au rebut. Quant à ceux que leur poids a entraîné au fond, ils sont réputés de bonne qualité et extraits au moyen d'une pelle en bois percée de nombreux trous, puis mis en sac et envoyés sur le terrain.

La grande culture n'exclut pas cette précaution qui permet de compter avec plus de certitude sur la réussite du contenu de chaque poquet. Comme dépense de temps, elle n'exige, chaque matin, au départ des ouvriers, que quelques minutes, et elle procure la satisfaction de savoir qu'on ne fait de frais qu'en faveur de glands en état de donner naissance à de jeunes plants.

16 hectolitres qui sont généralement recommandés (1), le semis au poquet n'en absorbe que 0, 36 litres.

Supposons, en effet, un semis effectué de cette manière nous aurons :

Epandage de 16 hectolitres de glands......	2 f. » c.
Glands, 16 hectolitres, à 5 fr.............	80 »
Pin semé	6 50
	88 f. 50 c.

Economie de semence avec le semis au poquet.

Son avantage.

Le semis au poquet ne revenant qu'à 18 fr. 05 c., il y a un écart de 70 fr. 45 c. en faveur de ce dernier.

Cet avantage ne se borne cependant pas là. Dans les années de pénurie de glands, on peut garnir par ce moyen une plus grande surface à bon marché et les glands ainsi placés sont, il ne faut pas le perdre de vue, dans des conditions de germination bien meilleures, puisque tous, sans exception, sont recouverts, ce que l'on n'obtient jamais avec la herse, malgré son action réitérée sur les terrains cultivés de longue date. Si rien ne s'opposait au passage des instruments, on aurait avantage à répandre le gland à l'aide d'un semoir. Nous connaissons un instrument de ce genre qui, traîné par un cheval, trace un rayon, dépose la graine et la recouvre. On peut semer de trois à quatre hectares dans une journée.

Épandage du gland au semoir.

Ajoutons que dans les terrains de composition très-variée, on peut, par le semis au poquet, planter, soit un jeune charme ou un bouleau entre chaque carré de glands et de la sorte la plantation présente une disposition en quinconce ou en triangles isocèles.

Avantage du mélange des essences.

Si on a mélangé le pin maritime comme garniture au pin

(1) *De la Sylviculture dans l'Indre*, par BOUCARD, sous Inspecteur des forêts. Tableau synoptique d'après MM. PARADE et MATHIEU, pag. 63.

Les anciens auteurs, VÉTILLART entr'autres, prescrivent l'emploi sur un hectare de 24 à 26 hectolitres de glands.

sylvestre, on aura sur ces quatre essences des chances certaines qu'aucune partie de ce terrain ne sera inoccupée, parce qu'il est presque impossible d'admettre que chaque essence à disposition radiculaire différente ne rencontre pas un sol à sa convenance.

A la première éclaircie, on a un beau choix à faire pour donner de la place aux deux essences les plus méritantes, le chêne et le pin sylvestre, et assurer leur développement.

Le même procédé s'applique également aux châtaignes et aux faînes.

2° Terrain *gazonné*.

A Terrain de nature *Silico-argileuse* et *siliceuse*.

2°
Terrain gazonné
A
de nature
silico-argileuse
et siliceuse.

Deux moyens de reboisement se présentent pour ces terrains que souvent la médiocrité du fond, l'inégalité de la surface et d'autres circonstances ont fait abandonner à la vaine pâture, ce sont la transplantation et le semis par poquets.

Mode de
reboisement.

La transplantation n'a de chances de succès qu'en employant le pin sylvestre, l'espèce résineuse la plus rustique et la plus capable de toutes de supporter cette opération critique.

Les plants de deux ans sont les plus convenables pour ce genre de repeuplement. Plus jeunes, ils seraient trop promptement envahis par les herbes, plus âgés, ils coûteraient plus cher (1), exigeraient de plus grands trous et ne réussiraient pas mieux.

Frais de
reboisement.

En disposant ces plants à 1 mètre de distance entre eux, un hectare en emploiera 10,000 qui, à 4 fr. du mille,

---

(1) On obtient dans les pépinières de M. Ad. Sénéclauze, à Bourg-Argental (Loire), les pins sylvestres à 40 fr. les dix mille ; les pins noirs à 110 fr., à deux ans, etc. Nous n'avons trouvé nulle part des prix plus modérés et qui se prêtent mieux aux grandes opérations des reboisements, la qualité des plants ne laissant rien à désirer.

font...... ....   40 f. » c.

Frais de plantation, 3 fr. du mille.........   30   »

                                              ————————
                                              70 f. » c.

Perte des plants à la suite de la transplantation. Les pins sylvestres reprennent si facilement quand on les transplante dès l'automne, qu'on peut évaluer que la perte ne sera, après la première année, que d'environ 10 % au plus.

Avantage du semis au poquet. Le semis par poquets n'exige pas d'acquisition de plants, et sous ce rapport il y a économie, puisqu'on procède avec des graines.

Détail du procédé. Ces poquets se pratiquent de mètre en mètre comme pour les plants. Les ouvriers donnent à chaque place désignée plusieurs coups de pioche sur une surface de 0^m 12 centimètres carrés et de 0^m 04 centimètres à 0^m 05 centimètres de profondeur en ne déplaçant pas la terre. Un enfant suit en jetant sur le terrain préparé de quatre à cinq graines, un autre vient après et enterre ces graines en traversant à deux ou trois reprises. cette terre remuée avec les dents d'une serfouette.

Quand les graines sont de bonne qualité, ce semis réussit complètement.

Frais. La dépense se compose de 10,000 trous faits et graine couverte, à 4 fr. du mille ....   40 f. » c.

Graine, à 5 graines environ par trou, soit 50,000 ou environ 1 litre qui égale 500 grammes (Le litre contient 65,000 graines)...........   2   50

                                              ————————
                                              42 f. 50 c.

Temps gagné par la transplantation sur le semis. La transplantation donne de l'avance sur le semis au poquet d'environ deux ans, elle a en outre l'avantage de préserver des graines de mauvaise nature et d'éviter les lacunes causées par la dent des rongeurs.

Dans les semis au poquet, s'il y a l'obligation onéreuse au bout de deux ou trois ans d'éclaircir les jeunes plants de manière qu'il n'en reste qu'un sur chaque poquet, cette dépense peu considérable, d'ailleurs, est contrebalancée par la facilité que l'on a de faire choix avant l'éclaircie du sujet le mieux venant, le plus fort, et d'avoir à sa disposition un excédant de plants pour regarnir les poquets vides ou mal remplis. Ces plants sont quelquefois assez nombreux pour permettre de garnir deux hectares.

En effet, sur cinq graines déposées dans chaque poquet, si l'on admet une levée complète et régulière, on aura cinq plants où il n'en faudrait qu'un. On disposera donc de quatre plants sur chacun des trous ou poquets, qui, étant au nombre de dix mille, fourniront 40,000 plants. En n'en prenant que la moitié comme ayant les qualités requises pour la transplantation, on aura 20,000 plants ou la quantité nécessaire pour garnir deux hectares au prix des frais d'extraction.

B Terrain de nature *argileuse* et *argilo-calcaire*.

La transplantation avec du pin sylvestre est la voie la plus sûre et la plus directe de repeuplement.

Si cependant le sol était garni d'une herbe assez courte et était accessible aux animaux, on pourrait employer un mode de semis particulier. Il s'agirait de jeter, vers le mois de janvier, de la graine de pin sur ce terrain, en doublant la semence ordinaire, et de le faire traverser à diverses reprises par un troupeau. Si le temps est trop sec, il vaut mieux attendre le retour de l'humidité. Si les herbes ne forment pas des touffes, qui, en retenant la graine, l'empêchent d'être mise en contact avec le sol, le piétinement des moutons suffira pour rapprocher celles qui seraient restées suspendues et les placer en état convenable de germination.

Dans un tel semis, la dépense se borne à la valeur de la graine. Sur un terrain purement sablonneux et ne présentant aucun obstacle matériel, comme pointes de rochers, vieilles souches, etc., un ou deux hersages donnés en sens contraire avec un instrument d'une énergie calculée, comme une forte herse à dents de fer, déchireront assez la surface pour que les graines soient recouvertes et puissent se développer sans plus de frais de préparation.

Frais. La dépense sera alors composée de la quantité de graines employées et si ce sont des pins maritimes, elle sera de.................................... 6 f.50 c.

Une journée à deux chevaux pour herser en long et en travers, à 5 fr.................. 10 »

Un homme........................... 3 »
_____
19 f.50 c.

Réduction de dépense. Quand le terrain n'offre aucune résistance et se laisse facilement entamer, on n'emploie qu'un cheval au lieu de deux et l'opération est réduite à 14 fr. 50 c. au lieu de 19 fr. 50 c.

Charrue Forestière. On a recommandé, depuis quelque temps, l'usage d'un instrument, qui, sous le nom de *charrue forestière*, doit procurer une certaine économie dans les repeuplements.

Son application est-elle facile, utile et économique? C'est un extirpateur solidement construit et très-énergique. Mais il nous semble avoir quelque inconvénient pour les forêts. D'abord, il exige au moins quatre chevaux ou quatre bœufs et deux conducteurs; ensuite, il ne peut fonctionner librement que là où rien ne viendra exposer ses pieds à être tantôt arrêtés brusquement par des pierres ou des racines, tantôt par des fractures.

Dépense de son emploi. En supposant qu'on puisse se procurer facilement un attelage, nous évaluerons la dépense à 6 fr. par paire de bœufs, soit.......................... 12 f. » c.

Deux hommes à 3 fr................... 6 »

Graines et semeur................. 6 50
_____
Soit une dépense pour 0, 50 ares, de..... 22 f. 50 c.

Ou de 45 fr. pour un hectare.

Cette dépense n'est pas élevée, mais on n'a pas toujours à sa disposition un terrain commode, un attelage, ni enfin l'instrument lui-même qui est d'un prix assez considérable.

A quelles circonstances il est subordonné?

Nous croyons que cet instrument peut rendre service, son usage est cependant subordonné à d'assez nombreuses circonstances, qui dans la pratique sont trop communes pour que son emploi devienne plus fréquent.

3° Terrain planté de *bruyères* et *d'ajoncs* constituant les *brandes*.

3°
Terrain
de bruyères
et ajoncs,
A
de nature
silico-argileuse
et siliceuse.

A Terrain de nature *silico-argileuse* et *siliceuse*.

Si nous n'avons pas parlé du défrichement à la charrue pour les terrains qui précèdent, nous n'admettrons pas davantage cette opération coûteuse et difficile pour la conversion des vieilles bruyères en semis forestiers.

Le défrichement
à la charrue
est-il utile?

Il faut reconnaître que c'est acheter chèrement une plantation que de ne pouvoir l'obtenir qu'au prix d'un labourage long et pénible qui ne détruit les bruyères et les ajoncs que momentanément.

L'écobuage, le piochage à bras d'hommes, le labourage même n'ont pas plus de puissance et entraînent une dépense de 120 à 150 fr. l'hectare.

Prix des façons
à bras
et du labourage.

Sur un terrain envahi depuis longues années par la nombreuse tribu des bruyères, la première opération consiste à couper ces plantes arbustives aussi près du sol que possible. Si on en trouve le placement, soit pour un four à chaux ou pour tout autre usage, c'est une diminution des frais de boisement. A défaut de cet emploi, on peut profiter d'un temps sec pour brûler sur place ces végétaux.

Utilisation
de la bruyère.

La transplantation est à peu près l'unique moyen de reboisement.

Mode de
reboisement.

Sans se préoccuper des bruyères et des racines qu'elles ont laissées, on exécute des trous de mètre en mètre comme nous l'avons dit précédemment et on plante du pin sylvestre. (Voy. pag. 11, *Frais de Reboisement*.)

La dépense sera peut-être un peu plus considérable en

raison des racines de bruyère qui présenteront des difficultés dont on ne peut prévoir toute la portée, mais cette
dépense ne peut excéder 100 fr.

Si on a pu vendre pour 150 fr. de bruyères, prix
approximatif d'un hectare de bruyère, les frais de boisement
seront couverts.

Une telle plantation ne doit pas être abandonnée à elle-
même, parce que les bruyères en poussant de nouveau
ombrageraient les jeunes plants résineux et si elles ne les
détruisaient pas, elles ralentiraient beaucoup leur végétation.

Il sera, en conséquence, nécessaire de renouveler, au
bout de trois ans, la coupe des bruyères et de faire sortir
à bras les javelles ou fagots, de peur que le passage des
voitures et des chevaux n'endommage un trop grand nombre
de plants.

Il est rare qu'on soit forcé de faire une seconde coupe,
les jeunes pins prennent généralement alors assez de
vigueur pour dominer les bruyères, et une fois ce résultat
atteint, ils s'emparent du terrain, le couvrent et en deviennent complètement maîtres au grand détriment des autres
végétaux qui s'affaiblissent peu à peu et deviennent languissants quand ils ne disparaissent pas.

Différence
entre les pins
et
les bois feuillus
parmi
les bruyères.

Les pins seuls ont la merveilleuse propriété de lutter
contre les bruyères, parce que leur végétation est plus
prompte que celle des essences feuillues qui ne s'accom-
modent que difficilement de l'état de gazonnement dans
lequel se trouve le sol et de l'ombrage des plantes étrangères.

4° Terrain inculte *à sable mobile.*

Il y a, en Sologne, des terrains dont le sable est si désagrégé, si léger, se mouvant et s'agitant comme une masse
fluide, comme la commune de Souesmes en particulier en
offre l'exemple, que la semence court de grands risques
d'être déplacée et de produire une plantation irrégulière.

Là, des abris deviennent indispensables, et on les oppose du côté où le vent souffle habituellement avec le plus de force et de persistance au moyen d'une barrière vivante faite avec des arbres de trois à quatre ans et que les jardiniers désignent sous le nom de brise-vents. Mode d'abris protecteurs.

Dans ces sables, il serait trop long et trop coûteux de planter des lignes continues d'arbustes à feuilles épaisses et nombreuses comme cela se pratique dans les jardins.

On y supplée, cependant, très-économiquement avec des pins sylvestres ou des *abies* plantés en quinconce, à raison de 150 à 200 par hectare.

Cette plantation ne devrait être exécutée qu'après le semis, lequel s'effectuera par un hersage donné en long ou en travers ou répété deux fois pour que la majeure partie des graines soit recouverte plus complètement.

Si on craint, malgré la protection des abris, que les jeunes plants de pins ne soient pas assez fortement enracinés pour résister aux vents du milieu de l'été, nous conseillerons de semer la graine vers le mois de juillet ou d'août, dans un moment où à la suite d'une pluie le sol est humecté et moins facile à déplacer. Système particulier de semis.

Ces jeunes plants sont déjà forts au commencement de l'hiver. Nous avons vu, en effet, des graines mises en terre à cette époque et germer aussi promptement qu'au printemps, c'est-à-dire le dix-huitième jour. De quelque manière que cette saison se comporte, ils continuent à végéter, et au printemps suivant, c'est-à-dire à leur premier printemps, ils ont souvent une force égale à ceux qui sont à leur deuxième saison.

Ils ont, en outre, un appareil de racines qui les attache plus profondément au sol et les rend plus propres à résister au souffle immodéré du vent et au déplacement du sol sur lequel ils sont implantés. Ses avantages.

Si ce moyen devait échouer, nous indiquerions le semis par bandes de deux à trois mètres de largeur du côté opposé au vent, et la couverture de ces semis avec des rameaux Autre système.

2

de genêt ou de bruyère, qu'on n'enlèverait qu'après deux années, c'est-à-dire à l'époque où le jeune plant peut se défendre par lui-même.

Après trois ou quatre ans, et quand on aura reconnu que cet abri est capable d'empêcher le soulèvement du sable, on sèmera en toute sécurité, e t si cela est nécessaire, on répétera ces bandes brise-vents tous les 3 à 400 mètres.

On arrivera par ce moyen à fixer d'une manière définitive ces sables et à en obtenir un produit avantageux, car les plantes, quand on est parvenu à les obtenir, tendent toujours à fixer le sol qui les supporte.

5°
Terrain envahi
par l'eau.

5°. Terrain *envahi par l'eau*, d'un assainissement difficile et coûteux, de nature généralement *siliceuse*.

Ces terrains, comme la plupart de ceux qui représentent une certaine portion des étangs de la Sologne, quoique couverts d'eau, n'en contiennent souvent en réalité qu'une épaisseur de 0^m 08 centimètres à 0^m 10 centimètres qui est desséchée dès la fin de l'été. Ce n'est que vers le retour des pluies d'automne que ces sortes d'étangs reprennent leur aspect pour continuer à rester sous l'influence de la désolante stérilité à laquelle ils semblent fatalement destinés.

Si l'on veut boiser ces terrains à peu de frais et dans l'état où ils sont, c'est-à-dire sans drainage, nous recommanderons de procéder de la manière suivante :

Procédé
de boisement.

Dès que, vers le mois de juillet, les eaux auront disparu et que l'on pourra y pénétrer, des ouvriers, munis de pelles de fer, pratiqueront de deux en deux mètres de petits monticules composés de quatre à six pelletées de terre, auxquelles ils donneront une forme conique. Ces monticules auront une hauteur de 0^m 30 centimètres à 0^m 40 centimètres ou 0^m 50 centimètres au plus, suivant la hauteur à laquelle se tient l'eau habituellement, car il faut pour le succès de l'opération que la moitié au moins du monticule soit à sec.

Aussitôt que cette disposition est prise, un ouvrier apla-
tit d'un coup de revers de pelle le sommet de chaque monticule, il fait une ouverture avec une bêchette de 0ᵐ 10 centimètres à 0ᵐ 12 centimètres de largeur, y introduit un
plant de pin sylvestre de 2 ans et l'assujettit en pressant
l'ouverture avec le pied, puis passe à une autre en procédant
de la même manière.

Dans les lieux où l'eau stagne sur une surface peu profonde, et où on croirait ne pouvoir rien entreprendre, on
réussira en procédant ainsi, sans faire une grande dépense
et surtout en employant le pin sylvestre qui est celui de tous
les pins qui peut le mieux supporter le voisinage de l'eau.

Supériorité du pin sylvestre.

En effet, un homme peut faire ces monticules à raison
de 1 fr. 50 c. le 100, soit pour 2,500, quantité qui se trouve
sur un hectare . . . . 37 f. 50 c.

2,500 plants de pins à 4 fr. le 100 . . . . 12 »

Plantation à 3 fr. du mille. 7 50

Frais.

57 f. » c.

Nous avons dit que le pin sylvestre pouvait résister à
l'eau qui baigne momentanément son pied, et nous citerons
le fait suivant à l'appui :

Ayant fait défricher à la charrue, de 1 à 2 hectares de
brande très-humide, et qui, semée antérieurement de pin
maritime, était restée improductive à cause de l'eau qui y
séjournait pendant tout l'hiver et même le printemps, nous
y avons fait semer du pin sylvestre. Les jeunes plants, tant
qu'ils furent faibles, semblaient ne pouvoir pas se dégager
de ce milieu constamment humide pendant la moitié de
l'année ; mais, parvenus à l'âge de 3 ans, ils s'élancèrent
promptement, et ce semis que pendant longtemps nous
avions cru manqué, ou au moins fortement compromis,
devint si épais que nous trouvâmes dans l'excédant de ce

Exemple de plantation de pins sylvestres sur un sol humide.

qui devait composer la plantation, une ample provision de plants pour la transplantation (1).

Nous avons remarqué que ces pins en grandissant avaient asséché le terrain, et qu'ayant donné une issue à l'eau en étendant leurs racines dans les couches du sous-sol, ils avaient drainé naturellement et économiquement ce terrain qui paraissait condamné à tout jamais à la stérilité.

Tous les pins à deux feuilles, tels que le pin maritime et le pin sylvestre, vont ensemble. Leur végétation s'effectue à peu près au même degré de rapidité, et l'une de ces variétés résineuses ne nuit pas à l'autre dans son développement.

La composition du sol est la cause déterminante du choix des essences. Ce serait une mauvaise opération que de vouloir créer un bois composé d'arbres antipathiques au sol. Ainsi, le pin maritime qui est le plus communément semé à cause de sa rusticité, de la promptitude de sa végétation et du bas prix de la graine, ne convient qu'aux terrains secs ou assainis, silico-argileux ou siliceux. Il ne réussit que

très-exceptionnellement sur les terrains argileux, pas du tout sur le calcaire, et disparaît dans un sol qui retient l'eau quand il s'y est montré d'abord.

Le pin sylvestre vient moins bien dans certains sables purs et profonds, mais il végète même dans les terrains humides et se développe activement sur les sols silico-argileux. Il est pour les terrains calcaires et les côteaux crayeux une très-

(1) Les observations physiologiques confirment les avantages des plantations. On sait que chaque plante absorbe chaque jour moitié de son poids d'eau, selon son essence. Les arbres doivent donc être considérés dans les pays humides comme des moyens employés par la nature pour dessécher les marais ; ainsi les parties basses de la Flandre seraient naturellement malsaines et peu fertiles sans le grand nombre d'arbres forestiers et fruitiers qui ombragent les habitations. (*Economie rurale de la Flandre française*, par CORDIER, ingénieur des Ponts-et-Chaussées, page 390.)

précieuse ressource. En un mot, il réussit sur tous les sols où le pin maritime est impossible; il jouit en même temps d'une propriété importante, celle de la transplantation même à un âge avancé. Suivant le terrain, ou peut donc employer le pin maritime seul ou l'associer au sylvestre. La valeur du bois diffère peu, cependant on préfère le sylvestre au maritime ; il trouve un emploi plus général dans l'industrie et y est plus estimé à cause de son *élasticité, de sa force et de la durée de son service* (1).

Il est utile de faire des semis un peu plus épais, plus fournis qu'ils ne pourront être maintenus plus tard, soit que l'on sème du pin maritime ou du pin sylvestre. Les jeunes pins un peu serrés, montent mieux, prennent une direction plus verticale, et leur bois a plus de rectitude (2). Seuls, isolés, ils s'élèvent plus lentement, et souvent prennent une forme irrégulière et contournée qui est nuisible à leur emploi. Ils ne se dirigent bien qu'en massifs.

Avantage des semis épais.

Inconvénients des semis clairs.

Le pin maritime se sème ordinairement seul, et les éclaircies successives mettent à distance convenable les arbres qui doivent occuper définitivement le sol pour composer une futaie.

Lorsqu'il s'agit, au contraire, d'établir une pineraie de pins sylvestres on mêle à ces graines une petite quantité de pin maritime pour aider les premiers à s'élever.

Avec le pin maritime, tous les sujets surabondants sont propres au fagotage ou à d'autres usages suivant l'âge et la force, mais avec le pin sylvestre on peut se servir de tous

Emploi des arbres surabondants.

(1) *Etudes sur les Bois de construction*, par GARAUD, capitaine de frégate, page 147.

(2) Si nous approuvons les semis épais, nous conseillons cependant de ne pas dépasser les quantités que nous désignons. Les graines de pin maritime sont calculées à 01 c. entre elles. On ne peut généralement pas couvrir davantage le terrain.

On a semé dans la forêt de Fontainebleau, sur des sables d'une infertilité peut-être moindre encore qu'en Sologne, jusqu'à 12 kil. de graine de pin sylvestre et 25 kil. de pin maritime à

les individus superflus pour la transplantation tant qu'ils n'auront pas dépassé 4 ans.

Dans un semis mélangé de pin maritime et sylvestre, la première éclaircie se fait par le retranchement calculé des premiers, et lors de la seconde ou de la troisième au plus tard, on les supprime à peu près tous. Cette opération doit être d'autant plus vigoureusement conduite, que si la plantation existe sur un fond humide ou calcaire, les pins maritimes qu'on n'enlèverait pas périraient d'eux-mêmes à l'âge de 6 à 8 ans.

S'il était question d'autres arbres résineux tels que le Sapin picéa, le Mélèze, le Laricio de Corse, etc., nous ajouterions qu'il faut maintenir ensemble et sans mélange ceux qui ont un port et une attitude semblables, et formant pyramide comme les deux premiers ; que leur associer du pin maritime ou du pin sylvestre, n'aurait aucun avantage et leur serait même plutôt nuisible, parce que ces pins faisant ombrage avec leurs branches latérales qui souvent s'étendent démesurément, la flèche ou tête des sapins en serait gênée.

Les pins maritimes et sylvestres peuvent en conséquence

Quels pins on peut conserver ensemble ou tenir éloignés.

Pins et sapins.

Caractère cultural.

l'hectare. L'essence la plus répandue sur les 18,000 hectares reboisés (la forêt de Fontainebleau est d'une contenance totale de 72,000 hectares, et les vides s'étendaient, il y a trente ans, sur 18,000 hectares qui aujourd'hui sont convertis en magnifiques massifs de résineux) est le semis. L'épaisseur de ces semis a offert de nombreux plants pour la transplantation, puis a permis de laisser les sujets assez serrés pour être évalués à 7,000 par hectare, comme nous l'avons constaté en particulier au massif important du Long-Rocher.

Ces pins sont présentement âgés de 27 ans, et s'ils n'étaient pas aussi rapprochés, au lieu de présenter des arbres réguliers et parfaitement verticaux, on trouverait des sujets contournés en divers sens et mal faits, comme on peut en remarquer dans l'avenue de Maintenon et quelques autres, où on a fait avec ces pins des arbres de ligne, destination à laquelle ce pin est tout-à-fait impropre. C'est un arbre de forêt et non de bordure, ce qui a donné lieu en Angleterre à cette opinion, qu'isolé, le pin sylvestre n'est bon que pour le feu.

être semés, soit séparément ou simultanément, suivant les circonstances et le but qu'on se propose.

De même, les *Sapins picéa, argentés* ou de *Normandie,* et les *Mélèzes,* ne comporteront pas d'autres voisins.

Le *Laricio* fait exception, il sympathise avec tous les autres résineux : la légèreté de ses branches et de son feuillage, en l'excluant des massifs de pins maritimes et sylvestres dont il pourrait être victime, permet de l'intercaler dans les groupes de sapins où il occupera les espaces vides et qu'aucun autre ne serait capable d'utiliser au même degré.

Quand un terrain, planté antérieurement en pins, est de médiocre qualité, éloigné des communications, et d'un accès peu facile, il y a plus d'avantage à l'ensemencer de nouveau en pins qu'à le livrer aux chances incertaines de la culture. La présence du bois, son séjour prolongé améliore assurément le sol, mais ce but n'est atteint qu'après un long laps de temps, autrement l'amélioration n'est qu'éphémère et nullement durable.

III° Question.
Avantage d'une pinière succédant à une pinière.

Si ce terrain est assez compacte, si le sous-sol est argileux et que l'on ait quelque raison sérieuse d'espérer que les essences feuillues y puissent réussir, aucun produit agricole ne sera comparable au revenu forestier qu'on obtiendra si on parvient à ensemencer en essences et en temps convenables.

Intervention des essences feuillues.
Cas où elles sont possibles.

Quoique nous l'ayons dit précédemment, nous le répéterons pour prévenir les erreurs dans lesquelles pourraient tomber les planteurs inexpérimentés, et pour dépouiller la question intéressante du reboisement de toute déception imprévue. Les pins se débarrassent facilement des bruyères et autres arbustes qui les accompagnent, mais il n'en est pas de même du chêne et autres essences feuillues, la bruyère est pour eux une cause de destruction, quelque remarquable réussite qu'ils aient eue à la levée. Ce genre de

Plantes arbustives ennemies du chêne.

reboisement n'aura donc lieu avec succès que dans les terrains enlevés à la culture ou dépourvus de bruyères, c'est-à-dire à surface nue.

Disposition de la bruyère à revenir sur le sol qu'elle occupait.

Nous avons éprouvé maintes fois la tendance prononcée de la bruyère à revenir sur le sol qu'elle a précédemment occupé, et nous avons reconnu qu'elle n'était destructible qu'en la plaçant sous un abri de pins ou de plants feuillus.

L'ombrage prolongé détruit la bruyère.

La bruyère aime et recherche la lumière, l'ombrage lui est mortel.

Nous avons défriché une portion de terrain dépendant d'un champ infesté de bruyères, d'ajoncs, etc. Nous laissant séduire par quelques apparences de fertilité, nous supposions à ce terrain des qualités que la bonne culture et les engrais devaient augmenter. Après *douze années* de culture

Retour de la bruyère sur un terrain cultivé depuis douze ans.

suivie, les produits ne répondant pas aux avances dans une proportion satisfaisante, nous voulûmes ensemencer ce terrain en bois.

Une culture suivie n'est pas un obstacle au retour de la bruyère.

Il avait produit non-seulement des céréales, mais à diverses reprises des plantes sarclées, fourragères, etc. Profitant d'une année d'abondance de glands, nous jugions que dans les conditions de propreté où se trouvait le terrain en question, cette essence y viendrait mieux qu'ailleurs. Fort heureusement nous avions semé du pin en même temps que le gland ; car, après une levée des plus régulières, les

La bruyère détruit les essences feuillues abandonnées à elles-mêmes.

plantes adventices reparurent avec une nouvelle et incroyable vigueur, et de tous les jeunes plants sur lesquels nous fondions de légitimes espérances, les pins seuls survécurent au bout de deux ans.

Manière de procéder avec la grande bruyère à balais.

Lorsqu'au lieu de bruyères communes (*Erica vulgaris, E. tetralix, E. cinerea*) qui ne s'élèvent qu'à 0m 30 centimètres à 0m 40 centimètres de hauteur, on doit reboiser un sol garni de grande bruyère (*Erica scoparia*), on peut procéder d'une manière différente.

Cette bruyère a presque toujours de fortes et nombreuses racines qui se prêtent facilement à la carbonisation. Mêlé par parties égales avec de la houille, ce charbon est très-utilement employé dans les maréchaleries de campagne où on répare les instruments aratoires.

On trouvait encore il y a quelques années des ouvriers qui entreprenaient l'extraction de ces racines à la condition de s'approprier le charbon, mais à la charge par eux de remuer tout le terrain au pic.

Avantages économiques de ce procédé.

Dans ce cas, ce piochage tout grossier qu'il soit, suffit pour recouvrir la graine de pin qui a été préalablement jetée sur le terrain, et l'opération ne coûte que les frais d'ensemencement et de graine, ou 6 fr. 50 c. comme il a été dit plus haut.

De nombreux semis de pins qui sont aujourd'hui fort beaux et datent de trente ans, ont été exécutés ainsi chez M. le duc des Cars, à la Roche, une des propriétés de France où la sylviculture a reçu les plus larges et les plus heureuses applications pour utiliser tant en résineux qu'en essences feuillues une grande étendue vouée de temps immémorial à la stérilité.

Exemple de semis économiques.

On ne peut assurément pas reboiser avec une moindre dépense, et si avant le défrichement la bruyère a eu assez de valeur pour être convertie en fagots et a pu être employée ou vendue, cet ensemencement n'aura finalement rien coûté.

Nous pensons donc qu'il est préférable de faire succéder une pinière à une pinière, à moins que le terrain n'offre de très-sérieuses garanties de culture lucrative, comme une conversion en prairie permanente et irrigable, une qualité supérieure de terre qui n'exige ni drainage ni marnage, ni enfin de ces grandes émissions de capitaux qui peuvent être comparées à des prêts faits à des gens insolvables.

Cas où une pinière doit succéder à une pinière et cas contraire.

On peut, il est vrai, après la disparition d'une pinière et si le sol paraît fortement amendé par l'accumulation des aiguilles et des détritus de tout genre, prélever quelques avoines et semer de nouveau du pin dans la dernière céréale. Mais il faut que ces récoltes soient très-abondantes pour

Cas de culture avant le retour du pin.
—
Inconvénients de ce procédé.

indemniser du temps qui aura été perdu en différant le réensemencement forestier.

Remplacement d'une pinière sans frais.

Il est facile, quand une pinière doit être perpétuée et qu'elle est arrivée à son déclin, de la remplacer sans déboursés. Lorsqu'il ne reste que 4 à 500 arbres par hectare, on s'abstient de recueillir les cônes pendant quelques années et d'y laisser pénétrer les animaux, et les graines qui s'en détachent complètent peu à peu le réensemencement. Dès que les jeunes sujets ont environ 0^m 50 centimètres à 0^m 60 centimètres de hauteur, on détruit la futaie et on entre immédiatement en jouissance d'une nouvelle pinière de remplacement toute venue.

Gain du procédé.

Nous ferons remarquer qu'en prolongeant le séjour de la futaie pour en recueillir la graine ou plutôt pour la laisser disperser sa graine, on a obtenu pendant ce temps une plus-value de grossissement et la liberté du résinage, la quantité de 500 arbres à l'hectare étant la plus favorable à cette opération, parce que l'accès du soleil et une grande et libre aération favorisent la sécrétion des sucs résineux.

Danger de retour de la bruyère en remplaçant les pins par des essences feuillues.

Si on veut convertir le terrain précédemment planté en essence feuillue et que ce terrain ait porté de la bruyère, il est à craindre que ces plantes reparaissent aussitôt que l'occasion leur en sera fournie, c'est-à-dire dès qu'elles auront de l'air et de la lumière, et qu'elles n'étouffent le jeune chêne.

Cas où ce remplacement réussira.

La seule chance de succès réalisable pour obtenir du bois feuillu, consisterait à semer du gland ou à planter du chêne plusieurs années avant l'abatage des pins, s'ils sont à distance convenable, comme par exemple à quatre ou cinq mètres entre eux, et à n'enlever ces derniers qu'après avoir constaté que le chêne suffira pour composer un taillis de remplacement complet.

Culture dite préparatoire pour disposer les brandes à recevoir les bois feuillus.

On a écrit et répété souvent que les engrais artificiels pouvaient procurer des bénéfices élevés sur de nouveaux défrichements livrés à la culture, et disposaient la terre à un reboisement plus régulier en la purgeant des mauvaises herbes qui eussent entravé la végétation des jeunes plants d'arbres.

Quand l'opération de reboisement n'a pour but que les pins, une culture préalable de préparation, un défrichement n'est ni nécessaire ni indispensable. Si ce sont des essences feuillues dont il est question, une culture même prolongée ne suffira pas pour débarrasser le terrain du principal obstacle qui s'oppose à leur réussite, la bruyère, et ce serait s'exposer à un échec que de persévérer dans un tel projet.

Défrichement inutile pour les pins.

Une culture prolongée n'empêche pas la bruyère de reparaître.

Ses effets.

Nous ne savons si d'autres planteurs ont été plus heureux que nous en employant cette méthode, nous nous bornons à exposer ce qui nous est arrivé et ce dont nous avons été témoin dans d'importants et nombreux défrichements.

Si nous devons examiner le profit qui résulte des deux procédés, nous démontrerons facilement que le reboisement immédiat a la supériorité sur la culture.

Comparaison des produits des parties cultivées et de celles qui sont boisées.

Les terres sont généralement affermées en Sologne, de 4 à 7 fr. l'hectare (1).

Diverses exploitations de pins faites dans l'Indre, sur fonds analogue, ont donné dans ces derniers temps les produits suivants :

1° Pins abattus à 11 ans, chez M. le comte de Brèves, à la Bornais et livrés aux forges.

Revenu annuel, 30 fr. par hectare.

2° Pins abattus chez M. Bénard, de Sainte-Gemme, à 10, 15 et 20 ans.

Revenu annuel, 34 fr. par hectare.

3° Pins abattus chez le même à 20 ans.

Revenu annuel, 37 fr. par hectare.

4° Pins de 35 ans, chez M. Verdy, à Anchaume, estimés d'après le prix offert.

Revenu annuel, 57 fr. par hectare (2).

(1) *Rapport sur les Plantations forestières de la Sologne*, par Adolphe BRONGNIART, page 3.

(2) *De la Sylviculture dans l'Indre*, par M. BOUCART, sous-inspecteur des forêts, pages 24 et 25.

On trouve aujourd'hui dans la forêt de Fontainebleau et sur un fonds qui, il y a environ trente ans, avait une valeur de 100 fr. l'hectare au plus, des pins au nombre de 6 à 7,000 par hectare.

Ces pins peuvent être estimés 1 fr. l'un dans l'autre et donnent à la superficie une valeur totale de 7,000 fr., ou revenu annuel, 230 fr.

Le chêne ne vient pas moins bien dans certaines parties de la Sologne.

La forêt de Bruadam (1), antérieurement à son aliénation, était aménagée à 100 ans pour la futaie. Chaque coupe se vendait en moyenne 14,000 fr., soit 140 fr. par an, sans comprendre la valeur des baliveaux, modernes et vieilles écorces.

Nous avons vu, il y a peu d'années, dans le canton de Salbris, un taillis de chêne âgé de 20 ans et de petite étendue, il est vrai, que nous avons estimé 1,500 fr. l'hectare. Le revenu annuel serait alors de 90 fr.

Avantage des parties boisées.

On ne peut pas, sur d'aussi médiocres terres que celles de la Sologne, prétendre à un revenu plus élevé et moins aléatoire ; et si de tels produits y sont clairsemés, ils prouvent cependant que le choix du terrain et l'appropriation de l'essence sont la ligne de conduite dont ne doit pas s'écarter le planteur judicieux.

IVᵉ Question.

Supériorité des résineux pour l'assainissement du climat.

Il y a en Sologne un double but à atteindre, l'assainissement et une utilisation du sol avec des éléments infertiles.

Entre les bois feuillus et les résineux, le choix n'est pas douteux, c'est à ces derniers qu'il faut s'adresser pour obtenir, au prix le plus réduit, un air respirable, la neutrali-

(1) Près Romorantin, département de Loir-et-Cher.

sation des émanations malsaines qui désolent ce malheureux pays, et un boisement d'un développement rapide nonobstant la pauvreté du fond.

La qualité siliceuse des terres de la Sologne étant celle qui domine, on peut dire que les pins doivent prospérer presque partout. Nous ne sommes plus au temps où on ne connaissait, d'après le traité de M. Delamarre (1), que le pin des landes de Bordeaux secondé parfois du pin sylvestre pour les semis en grand. Depuis un certain nombre d'années, des expériences d'une part, des découvertes et des importations, ont enrichi notre faune forestière et mis à notre disposition une assez grande variété de conifères douée de propriétés utiles dont nous devons chercher à doter le pays.

Convenances des résineux sur les terres légères de la Sologne.

Utilité d'employer certaines nouveautés résineuses en grande culture.

Quelques conifères, dont on ignorait le caractère et les propriétés utiles, avaient été réservés depuis longtemps pour les plantations d'agrément. Ils étaient l'apanage des parcs, des vastes domaines où les effets de perspective se traduisaient sous les formes les plus variées et les plus pittoresques. Les dessinateurs paysagistes s'appropriaient ces arbres pour des créations à style de grande et somptueuse composition, mais on ne les employait pas à faire quelque tentative hardie pour en apprécier la valeur économique.

Aujourd'hui que la Sologne nue, envahie par des affections morbides qui découragent les cultivateurs et en éloignent les capitalistes, a trouvé *un haut appui*, les plantations résineuses au moyen des pins les plus connus et de ceux que nous avons extraits du nouveau continent, des montagnes de l'Asie et de l'Afrique, sont assurément celles qui sont le plus capables de réhabiliter ce pays et de le réintégrer dans la large place qu'il occupe sur la carte de France.

Effets des plantations résineuses sur l'avenir de la Sologne.

L'élément siliceux est à la vérité celui que l'on rencontre

(1) *Richesse millionnaire par la culture du pin maritime.*

le plus fréquemment en Sologne. Cependant, n'ignorant pas que le sol varie dans plus d'une localité et ne le connaissant pas assez pour l'indiquer avec précision, nous emprunterons à un ouvrage connu (1), l'énumération des terrains qui composent la vaste surface de cette région, et nous indiquerons ensuite les variétés de pins et sapins qui conviennent à chacun d'eux.

Diversité des sols de la Sologne.

Les auteurs de l'*Agriculture en Sologne* admettent cinq espèces de sols qui sont :

1° Les sols *tufier-sablonneux*.

Ce sol est un sable mobile et sec, d'une épaisseur de 0ᵐ 50 cent., reposant sur une espèce de tuf argileux. C'est une sorte *d'alios* analogue à celui qui caractérise les landes de Gascogne.

2° Les sols *sablo-argileux*.

L'argile qui compose le sous-sol de ces terrains, les plus répandus, forme un banc d'une épaisseur assez grande, force les eaux à inonder la surface et en fait des sols humides ;

3° Les sols *argileux*.

Ils ne se rencontrent que çà et là en Sologne et sont infertiles à cause de la difficulté qu'ils présentent à la culture. Les plantes qui y croissent sont jaunes et maladives ;

4° Les sols *sablo-caillouteux*.

Ils sont généralement dépourvus d'eau, mais contiennent si peu d'humus que les récoltes y sont fort médiocres ;

5° Les sols *sablo-humeux, sablo-argilo-humeux* ou *caillouteux-humeux*.

Ils paraissent avoir été soumis autrefois à des submersions locales et ne manquent pas de qualité.

Nous ajouterons, pour n'oublier aucun des terrains qui se trouvent en Sologne et qui semblent avoir échappé aux auteurs cités :

(1) *De l'Agriculture en Sologne*, par JOUBERT, cultivateur, et CHEVALIER, maire de La Motte-Beuvron, pag. 29 et suivantes.

6° Les *sols limoneux*, ayant peu de profondeur ;

7° Les *rives des cours d'eau.*

Essences propres à chacun de ces terrains :

Terrain n° 1, *Pin maritime* (*Pinus maritima*), comme garniture destinée à disparaître aux premières éclaircies.

Pin noir d'Autriche (*Pinus Austriaca*) et *Pin laricio* de *Corse*, par moitié pour occuper définitivement le sol. Ces pins peuvent être mélangés ou isolés.

N° 2, *Pin sylvestre* (*Pinus sylvestris*) semé, et cent *mélèzes* à l'hectare, transplantés avec plants de deux à trois ans.

N° 3, *Pin sylvestre.*

N° 4, *Pin noir d'Autriche* (1).

N° 5, *Pin sylvestre* comme fonds de la plantation, mais avec admission du

Sapin argenté (*Abies pectinata*), à 60 par hectare.

Sapin de Nordmann (*Ab. Nordmanniana*), à 25 par hect.

Sapin de Douglas (*Ab. Douglasii*), à 25 par hectare.

Sapin d'Espagne (*Ab. Pinsapo*), à 25 par hectare.

Sapin noble (*Ab. nobilis*), à 25 par hectare.

Cèdre de l'Atlas (*Cedrus Atlantica*), à 50 par hectare.

N° 6, *Pin du lord Weymouth* (*Pinus strobus*).

N° 7, *Cyprès de la Louisiane* (*Cupressus disticha*).

OBSERVATIONS CULTURALES ET PRATIQUES SUR CES PINS ET SAPINS.

1° Pin maritime.

Cet arbre est très-répandu dans le Midi, dont il est indigène. Le milieu dans lequel sa végétation est active et prospère, ne dépasse pas le centre de la France. Il appartient exclusivement aux zones méridionales.

(1) A défaut de pin noir et de laricio, le sylvestre devra être employé.

Ses convenances. Il vient facilement de semis sur la plupart des terrains, mais sur ceux qui sont argileux, calcaires et humides il dépérit dès son bas âge après avoir végété d'une manière normale.

Sa rusticité. Il se sème sur terrain préparé grossièrement et même non préparé.

Transplantation. Il se transplante difficilement et donne lieu à une perte de 60 à 70 % (1), quand on procède par cette voie.

Mode de végétation. Il a besoin, pour donner du bois utile, de croître en massif. Isolément, il devient difforme et se couronne promptement.

Bois. Son bois est de médiocre qualité et son charbon manque d'activité.

A quel âge on peut le gemmer. En forêt, à l'âge de 28 à 30 ans, il peut supporter le gemmage, et donne, sous le climat qui lui est favorable, des produits en résine qui sont d'une valeur importante sans préjudice de celle du bois.

Cause de son choix pour les grands semis. Sa rusticité, la facilité qu'a sa graine de lever sans une préparation autre qu'un défrichement brut, et son bas prix, la grande variété de terrains sur lesquels il peut croître, le font adopter avec raison dans les grands semis forestiers ou dans ceux où il n'a qu'un rôle secondaire à remplir, comme une garniture pour protéger, soit d'autres pins ou des essences feuillues pendant les premières années.

Malgré le bas prix de la graine, il y a cependant avantage à la faire soi-même quand on a des semis à exécuter. C'est une garantie de qualité. L'exposition au soleil sur une aire est le procédé le plus simple et le moins dispendieux.

Utilité des cônes ou pommes de pin maritime. Les cônes vulgairement appelés *pommes de pin*, sont admis dans nos usages depuis qu'on en a reconnu la combustibilité commode et agréable. On trouve dans certaines localités où le pin est abondant, des entrepreneurs qui se chargent de la récolte de ces cônes et en extraient la graine. Ils

(1) Les frais d'une plantation en pots ou en paniers ne seraient pas en rapport avec la valeur de l'arbre.

laissent au propriétaire la moitié de la graine, vendent le surplus ainsi que les cônes.

Dans un temps, nous avions beaucoup de difficultés à vendre ces cônes 1 fr. le millier, et maintenant ils se vendent de 4 à6 fr.

L'hectolitre contient environ 500 cônes qui renferment chacun 145 graines.

L'hectolitre rendra donc au desséchement 725,000 graines, et comme il y en a 2,000 dans un kilogramme, chaque hectolitre donnera trois kilogrammes qui, à 80 c., vaudront 2 fr. 40 c. *Rendement d'un hectolitre de cônes.*

La cueillette des cônes se fait à raison de 75 c. l'hectolitre, de décembre à février.

Le pin maritime est au centre de la France sur l'extrême limite de sa croissance. D'où on a échangé son nom de *pinus maritima major* (1), contre celui du *minor* qui lui est donné dans le Maine en raison de sa taille moins élevée et ses cônes plus petits. *Habitat.*

Ce pin est toujours celui des landes de la Gironde, qui, comme tous les végétaux transportés sous une influence climatérique moins favorable, diminuent en taille et en volume et s'éloignent du type à mesure qu'on les soumet à une température et à des courants nouveaux.

2° Pin noir d'Autriche.

Ce pin occupe, dans la Basse-Autriche, de vastes plaines de galets si maigres qu'elles seraient condamnées à ne rien produire, pas même de l'herbe, si cet arbre n'y résidait pas.

Il s'accommode des situations les plus froides et son importation, qui ne remonte pas au-delà de 1835, est heureusement venue offrir un arbre aussi sobre et rustique que le pin maritime, mais donnant un bois de meilleure qualité. On le regarde comme ayant plus de fermeté, de ténacité *Importation.*

Supérieur au pin maritime et à quelques autres.

(1) DUHAMEL, *Semis et Plantations.*

3

que le pin sylvestre, et supérieur même au mélèze pour les constructions immergées (1), et à tous ces titres, il porte en Autriche le nom de *régénérateur des plantations*. Les seuls terrains qui ne lui conviennent pas sont ceux où il y a un excès d'humidité. Il prospère sur les fonds calcaires, argileux et même sablonneux (2).

Ses convenances.

Nous avons remarqué, tout récemment, plusieurs massifs de pins noirs de quelques ares d'étendue dans le parc de Cheverny, près Blois, et nous avons été surpris de leur vigueur uniforme sur un sol à fonds calcaire où nous nous sommes assuré que l'épaisseur de la couche arable n'excédait pas 0^m 08 centimètres à 0^m 10 centimètres. Ces pins ont une dizaine d'années.

Plantations de Cheverny (près Blois).

Une plantation comprenant environ 20 hectares, un peu plus éloignée et sur sol léger, contient des pins de 10 mètres de hauteur. Ces arbres sont généralement beaux.

À La Roche, chez M. le duc des Cars, où les *pins noirs* ont été importés avec des graines de provenance allemande, presqu'en même temps qu'à Cheverny, c'est-à-dire vers 1845, ils se font également remarquer par une aussi belle venue en terre calcaire que légère et quelque peu humide (3), par leur végétation bien nourrie et la régularité de leur port.

Plantations de la Roche et autres, sur terrains variés.

Tout concourt donc à faire espérer, d'après les essais

Son avenir en Sologne.

(1) *Observations sur le pin noir*, par M. le marquis de VIBRAYE, à Cheverny, près Blois.
Les Turcs emploient beaucoup ce pin à la construction de leurs vaisseaux (*Voyage dans l'Empire ottoman*, par OLIVIER, tom. XI, pag. 6).

(2) Cet arbre croît non loin des frontières de la Styrie dans un sol composé de pierres sablonneuses nommées quartz-viennois (ANGERER, forestier impérial).
Il prospère aussi bien sur les montagnes que dans les plaines et vient parfaitement dans les terrains sableux ainsi que dans ceux de formation calcaire et dolomitique ayant peu de profondeur (de HERIGOVEN, conseiller forestier, en Bavière).

(3) Pour caractériser ces mauvaises terres, les habitants du pays les désignent sous le nom de *pisseuses*.

pratiqués en grand à Cheverny et à La Roche, que le *pin noir* a des chances de réussite dans la Sologne qui ne sont plus douteuses.

Ce pin se sème sans plus de soins que le pin maritime, et supporte un peu mieux la transplantation. *Transplantation.*

Nous avons réussi parfois, et parfois aussi nous avons vu, en transplantant des sujets de pépinière de trois à quatre ans, ces pins succomber quoiqu'accompagnés de mottes fortes et solides (1).

Si on voulait tenter ce moyen, on devrait s'attendre à une perte d'environ 40 %. Il vaut donc mieux sous tous rapports recourir aux semis ou à des plants de pépinière soigneusement repiqués. *Semis préférable à la transplantation.*

Le pin noir croît sans avoir besoin du voisinage d'autres arbres, et se dirige très-verticalement. On peut en faire des corps de massifs, le planter seul ou en ligne, il conserve la régularité conique qui lui est naturelle. En futaie, il peut être conservé en plus grand nombre que le pin sylvestre et le pin maritime, dont les branches s'étendent davantage. *Mode de végétation.*

Les auteurs forestiers allemands sont unanimes pour le reconnaître comme un des pins les plus riches en résine parmi tous les bois de l'Europe (2). *Propriétés résineuses.*

(1) En Allemagne, on multiplie le pin noir par la transplantation dans beaucoup de cas. Mais sans doute dans ces contrées, le soleil du printemps est plus tempéré, moins vif, et les étés moins brûlants. En citant les échecs que nous avons éprouvés avec la transplantation, nous désirons mettre en garde les planteurs, qui, se laissant entraîner par l'enthousiasme, seraient disposés à imiter trop servilement ce qui se fait ailleurs, sans se rendre un compte exact des différences de température.

(2) *Observations sur le pin noir d'Autriche*, par M. le marquis de VIBRAYE.

La résine est destinée à prendre de jour en jour une grande valeur. Un colonel suédois vient d'inventer une nouvelle lampe dont la clarté est trois fois plus intense que celle du gaz. Les

Un des effets du résinage sur cet arbre, est d'augmenter la production des cônes, ce qui est un point important, car la graine est encore fort chère. On la vend dans le commerce 5 fr. 70 c. le kil. et comme un hectare en exige environ 9 kil., l'opération, seulement pour le prix de la graine, revient à 51 fr. 30 c. (1).

(marginalia: Effet du résinage.)
(marginalia: Prix de la graine et dépense de semis sur un hectare.)

Ce haut prix de la graine sera un obstacle à la prompte et désirable propagation de cet arbre, qui, comme produit ligneux et industriel, appelle l'attention des forestiers.

(marginalia: Obstacles à sa propagation.)

Le gouvernement qui dans un temps avait fait distribuer des graines de laricio de Corse, rendrait peut-être un plus grand service en mettant à la disposition des planteurs des graines de pin noir, car ce résineux est moins délicat et paraît devoir se contenter de la généralité de nos terrains, de ceux qui sont calcaires en particulier.

(marginalia: Moyen de vulgarisation.)

En Hollande, on est résolu depuis peu et en raison des qualités de ce pin, à l'introduire pour utiliser les terres vagues. On pense qu'avec le pin sylvestre pour les bois légers et le pin d'Autriche pour les hautes futaies, la Hollande doit faire la conquête de ses landes et les transformer peu à peu en forêts assez étendues pour répondre aux besoins de la consommation intérieure (2).

(marginalia: Plantations en Hollande.)

3° Pin Laricio de Corse.

Quoique l'on rencontre ce pin dans diverses parties de l'Italie, du royaume de Naples, de l'Espagne, il paraît appartenir plus particulièrement au sol des montagnes de la Corse, où il y en a des forêts considérables.

frais d'entretien sont de moitié moins coûteux que le gaz et trois fois moindres que ceux du pétrole. La matière dont se sert l'inventeur est l'essence de térébenthine non purifiée.

(1) Nous parlons de semis plein et sans accompagnement de pin plus commun. On peut, avec du pin maritime, ne semer que 5 kil. de pin noir et 5 kil. de pin maritime, ce qui réduirait la dépense à 31 fr. 50 c.

(2) *Economie rurale Néerlandaise*, par Emile de LAVELEYE.

Les voyageurs qui ont visité la partie occidentale de l'Amérique du nord nous ont émerveillé par les dimensions presque fabuleuses qu'ils ont reconnues au monarque des conifères du nouveau continent, au *Wellingtonia gigantea*, qui est réellement un arbre de premier mérite (1), mais on a oublié qu'à nos portes, dans une île où de nos côtes on se transporte en quelques heures, il y a là des arbres, des

Les nouvelles espèces résineuses sont-elles seules les plus méritantes?

Le Wellingtonia gigantea.

(1) On trouve dans *Gardner's chronicle* du 24 décembre 1853, les lignes suivantes : « La splendeur de la végétation californienne, « consiste surtout dans une espèce de *Taxodium* (qui n'est autre « que le *Wellingtonia* ou *Sequoia gigantea*) qui donne aux mon- « tagnes une beauté particulière, j'étais même sur le point de dire « *terrible*, et qui nous fit sentir clairement que nous n'étions plus « en Europe. J'ai mesuré plusieurs fois de ces arbres qui avaient « 270 pieds (82^m) de hauteur sur 32 (9^m 75) de diamètre à 1^m au- « dessus du sol. » (*Voyage de* DOUGLAS *en Californie*).

Nous croirions ce récit entaché d'exagération si nous n'avions vu par nous-même, près de Londres, une enveloppe corticale d'un de ces arbres qui avait un diamètre de 10 mètres.

Le bois de cet arbre, dit CARRIÈRE, dans son *Traité des Coni- fères*, pag. 169, est d'un grain fin et serré.

La croissance du Wellingtonia est rapide. Nous avons vu chez M. Chatenay, pépiniériste à Tours, un sujet provenant d'une bouture insignifiante. Il a 9 ans, croît dans un sable assez maigre et a une hauteur de 4 mètres sur 0^m 22 centimètres de diamètre. Ce Wellingtonia est parfait dans sa forme, ses branches sont disposées par étages symétriques. Il a commencé à donner des cônes en 1864. Jusqu'à présent, nous croyons que c'est un rési- neux dont l'art forestier devra s'emparer pour le répandre dès que le commerce pourra le livrer à un prix modéré.

Ce qui, sous ce rapport, nous paraît recommander cet arbre, c'est le peu d'étendue de ses branches latérales. En le comparant à certains Abies de même âge, nous avons remarqué que chez ces derniers les branches inférieures s'étendaient jusqu'à 3 mètres du tronc, tandis que chez le Wellingtonia ces branches atteignaient 1 mètre 60 centimètes environ.

Le beau Wellingtonia qui orne le jardin de M. Leroy, à Angers, est une preuve de ce que nous avançons. Sa hauteur est de 5 mètres et son diamètre 33 centimètres, laricios, dont le bois d'un seul a fourni un cubage *à peu près égal à celui de la colonne Vendôme* (1).

Le laricio est représenté dans les montagnes de cette île par deux millions et plus d'individus.

Peu répandu. Il y a longtemps que des essais ont été faits, mais soit qu'on ait méconnu le mérite de cet arbre, ou qu'on l'ait cultivé dans des terrains qui ne lui convenaient pas, il en existe peu de massifs importants.

Convenances particulières. Nous avons observé cet arbre depuis un certain temps et après en avoir semé dans des situations très-diverses, nous devons avouer que nous ne pourrions préciser quels sont les terrains où on sera certain de l'obtenir avec le développement qui lui est particulier. Nous pensons que ces pins ont de la prédilection pour les sols granitiques analogues à ceux de leur patrie et une exposition au midi.

Nous avons remarqué des laricios bien venants sur des terrains argileux et calcaires (calcaire désagrégé), mais âgés seulement de 10 à 15 ans.

Végétation difficile. Nous en avons vu beaucoup d'autres, qui, parvenus à cet âge et même avant, paraissent éprouver de la difficulté pour introduire leur pivot et leurs principales racines dans le sous-sol, font double tête, croissent encore en grosseur, mais sont arrêtés dans leur végétation en hauteur et deviennent des arbres sans valeur.

Plantation de Cheverny. On trouve à Cheverny, près Blois, deux hectares environ de laricios mêlés à quelques pins sylvestres. Ils sont âgés de 35 ans et sont généralement bien venants. Cette différence dans la manière de se comporter prouverait, de la part de ces résineux, un caprice ou une exigence dont nous n'avons pas encore saisi le secret.

---

(1) *Rapport à l'Académie des Sciences sur l'état économique et moral de la Corse*, par Blanqui, pag. 2.

La colonne de la place Vendôme a 4 mètres de diamètre. (Dulaure, *Histoire de Paris*, 4ᵉ vol. pag. 227.)

Leur multiplication a lieu par la voie du semis, de la même manière et sans plus de préparation que le pin maritime. Malheureusement, la graine est d'un prix à peu près inabordable. On la vend 15 fr. le kil., et un hectare qui en serait ensemencé, sans autre mélange, reviendrait, à raison de 9 kil., à 135 fr. C'est une dépense trop élevée pour un succès incertain ; aussi, est-ce à ce motif que nous attribuons en partie la lenteur de l'extension de la culture de ce beau conifère. *Multiplication.*

Prix de la graine et dépense de semis d'un hectare.

Il n'est cependant pas sans mérite. Son bois est rival de celui du sylvestre, mais il lui manque son élasticité. Il peut cependant rendre de très-grands services. *Bois.*

Comme arbre résineux, c'est un des plus remarquables par la tenue. Il semble n'avoir qu'un but, s'élever. Comme dans beaucoup d'autres pins, la sève ne se détourne pas dans les branches latérales au préjudice de l'allongement de la flèche. Au contraire, ces branches, dans le laricio, sont peu allongées, peu fournies, ce qui lui procure deux avantages essentiels ; il est plus propre qu'aucun autre à vivre en compagnie des bois feuillus pour en former des taillis composés ; de plus, le peu de place et de couvert qu'il prend, permet d'en conserver une bien plus grande quantité sur une surface donnée quand les dernières éclaircies ont été faites. *Avantage.*

Sa place et sa supériorité dans les taillis.

Sous ces deux rapports nul pin ne l'emporte sur le laricio

Il va aussi bien en compagnie d'autres pins qu'isolément. Seul, il se maintient d'une manière irréprochable, et la légèreté de son feuillage pourrait lui attirer la préférence pour former des avenues, parce qu'il ne s'opposerait pas à la libre circulation de l'air et de la lumière, agents principaux et indispensables d'une bonne viabilité. *Sa place isolément.*

Le laricio se transplante aussi peu facilement que son congénère le pin noir. Avec des plants de deux ans, de pépinière et repiqués, on peut n'avoir à supporter qu'une perte de 30 à 40 °/₀ suivant la sécheresse du printemps et de l'été. *Transplantation.*

Après avoir eu à regretter l'absence de beaucoup de laricios qui refusaient de s'accommoder du terrain sur lequel nous les avions placés, nous avons essayé de les propager par la greffe herbacée sur le pin sylvestre. Nous avons réussi au-delà de nos désirs, et nous avons vu sur les fonds les plus médiocres, dont ce dernier pin sait se contenter, des laricios se développer sans présenter aucune bifurcation dans leur tête.

C'est l'unique et plus sûr moyen de se procurer des laricios *unitiges*. Nous avons obtenu des pins noirs sur pin sylvestre par le même procédé.

Dans la forêt de Fontainebleau, lorsqu'on s'occupait activement de son repeuplement, on a eu également recours à la greffe qui a donné les résultats les plus satisfaisants pour suppléer au manque de graines. On y greffait annuellement de 8 à 10,000 pins, et en 1844 on comptait déjà 120,000 sujets greffés dans cette forêt. Des pins de vingt et un ans de greffe, avaient, en 1843, 0m 70 centimètres de circonférence et 10 mètres de hauteur. Ces pins ont aujourd'hui de 0m 80 à 1m 25 de circonférence, et ils ont une tendance à dominer les pins sylvestres au milieu desquels ils se trouvent. Entre le sujet greffé et la greffe, nous n'avons remarqué que la différence de couleur des écorces, et un œil exercé seul peut la remarquer.

Ce procédé est très-pratique et peut être employé en grande culture. Un seul homme, aidé d'un enfant, peut greffer au moins 200 arbres dans sa journée (1).

---

(1) Nous ne parlerons pas de la greffe du laricio sur le sylvestre sans indiquer les moyens d'en faire l'application, ce qui, croyons-nous, pourra rendre service aux sylviculteurs désireux de tenter cette voie simple et facile de propagation. Cette greffe dite herbacée ou à la Tshudy, du nom de celui qui l'a mise le premier en usage, ne peut se pratiquer que du 8 au 20 mai, c'est-à-dire à l'époque où la tige qui doit recevoir la greffe est en pleine sève et assez tendre pour donner, sous une courbure modérée, une cassure nette comme celle d'un morceau de verre.

Plus tôt, cette tige nouvelle n'aurait pas assez de consistance et

4° Pin Sylvestre.

Ce pin, dont les pins de Riga, de Haguenau, sont des va-

manquerait d'organisation, plus tard son état semi-ligneux s'opposerait à une parfaite communication entre la greffe et le sujet, et
compromettrait l'opération. Du 8 au 20 mai, la tige du pin sylvestre a une longueur qui varie entre 0^m 15 centimètres et
0^m 18 centimètres. La cassure se fait alors à environ 0^m 05 centimètres à 0^m 06 centimètres au-dessus du dernier verticille ou couronne de branches latérales. On fend ce tronçon par le milieu, à l'aide
d'une serpette bien aiguisée ou d'un greffoir, de manière que la
fente ne se prolonge que sur la moitié de la longueur. On insère
dans cette ouverture un bourgeon terminal de laricio, pris autant
que possible sur la flèche et non sur les rameaux inférieurs, après
l'avoir taillé en coin, de façon que la partie supérieure ne soit
pas endommagée et qu'une fois la greffe en place, il n'y ait que
la moitié du nouveau sujet qui soit engagée. Le sommet du bourgeon ou greffe, aidé des feuilles naissantes qu'on aura eu soin de
ne pas enlever, font office de tire-sève, et quelques semaines
après, des signes de végétation manquent rarement de se mani-
fester.

Quand l'opération a été faite en bon temps, par une température
sèche plutôt qu'humide, à une époque favorable, ni trop hâtive,
ni trop tardive ; quand elle a eu lieu sur des pins de semis et
vigoureux, plutôt que sur des sujets transplantés et languissants,
la soudure se fait immédiatement, et la sève communiquant sans
retard avec la greffe, on a souvent dans l'année même des pousses
de plusieurs centimètres, et l'année suivante d'un mètre et plus.
Il arrive aussi quelquefois que les greffes se maintiennent simple-
ment vertes et en état de santé, et qu'elles ne poussent que la
seconde année.

Si cette greffe réussit mieux sur des arbres de semis que transplantés, nous en excepterons cependant ceux qui ont été déplacés
en bas-âge, à 2 ou 3 ans, et dont la reprise ne laisse rien à
désirer.

Quand on doit greffer sur des sujets dont on a le choix, il vaut
mieux le faire sur ceux de semis, et n'ayant pas plus de 0^m 60 centimètres à 0^m 70 centimètres de hauteur, parce qu'ils sont plus à
portée de l'opérateur. Il y a en outre avantage à ce que le sujet
qu'on a cherché à propager parte d'aussi près du sol que possible.

Aux détails qui précèdent, nous ajouterons les suivants pour
compléter les connaissances nécessaires à celui qui voudrait faire
l'essai de cette greffe herbacée,

riétés, est également appelé pin d'Ecosse, du Nord, etc., n'est autre que le pin sauvage décrit par Linnée (1).

Rusticité.

S'il y a des conifères d'un aspect plus gracieux et plus remarquables que ce pin, il n'en est aucun qui soit plus précieux pour le sylviculteur, à cause de sa sobriété et de la facilité de sa culture.

Convenances.

Toutes les expositions, tous les terrains lui conviennent, excepté peut-être ceux qui sont purement argileux et calcaires. Cependant, après l'avoir vu réussir dans des cir-

Nous supposerons que la greffe aura été choisie de même grosseur que la tige qui doit la porter et mieux d'un diamètre un peu moindre, qu'elle aura été placée peu de temps après sa cueillette, ou tenue en lieu frais et à l'abri du soleil (comme dans un panier couvert et abritée avec de la mousse humide), qu'on aura évité de porter les doigts sur les faces du coin pour ne pas intercepter les pores de la résine, qu'enfin cette greffe aura été descendue jusqu'au fond de l'ouverture qui lui était destinée de manière à ne laisser aucun jour ni intervalle. Mais cela ne suffit pas. L'ouverture pratiquée pour l'introduction de la greffe pourrait donner lieu à une déperdition de sève au détriment de celle-ci, et on prévient cet accident en entourant la partie où a eu lieu l'insertion, d'une ligature de laine, en ayant soin de commencer par le haut de la fente, de serrer modérément et de laisser dégagé de toute compression 0m 01 centimètre de l'extrémité supérieure de l'incision.

Cette ligature facilite la suture de la greffe, l'assujettit et la préserve tout à la fois d'une déviation du cours de la sève et de l'action trop directe des rayons du soleil.

Au reste, cette ligature ne doit être conservée que temporairement, cinq à six semaines au plus. Après quoi on l'enlève avec précaution et on abandonne la greffe à elle-même.

Tous les pins à deux feuilles se greffent sans difficulté les uns sur les autres. Il n'y a aucune utilité à greffer le pin maritime qui vient si bien de semis, ni à s'en servir pour recevoir d'autres espèces. D'autres essais ont été faits, nous avons même obtenu des pins à cinq feuilles sur des pins à deux, mais nous engageons à se borner au greffage du laricio sur le sylvestre, parce que c'est jusqu'à présent l'opération qui a eu le plus de succès en forêt et qui présente le plus de facilité à pratiquer.

(1) *Species plantarum*, 2e volume.

constances où aucun autre végétal ligneux n'aurait résisté, nous en doutons.

Terrains secs, humides, bas, élevés, graveleux de toute nature, il brave et surmonte toutes les difficultés qu'il rencontre sans en éprouver une diminution sensible dans sa végétation. C'est l'arbre des climats tempérés, quoique nous puissions citer des situations extrêmes où il soit aussi un bel arbre.

Nous avons dit que, semé sur une bruyère qui conservait l'eau, il avait, après quelques années de langueur, pris le dessus et présenté un ensemble de plantation des plus réguliers. Nous ajouterons, pour démontrer jusqu'à quel point ce résineux semble fait pour avoir raison des sols les plus rebelles, que nous avons été témoin de sa réussite dans des circonstances exceptionnelles. Des trous de 0^m 60 centimètres à 0^m 70 centimètres de profondeur, ayant été creusés au bas d'un coteau pour compléter un massif, mirent à découvert un sous-sol composé d'une argile blanche et savonneuse des plus compactes. Ces trous faits pendant l'automne par un temps humide, se remplirent immédiatement d'eau et la conservèrent sans diminution aucune pendant tout l'hiver. Au printemps, la nécessité de planter força à extraire cette eau qui n'avait même pas diminué au temps des hâles de mars. On hésitait à déposer des arbres dans de tels réservoirs, et après les avoir plantés, on les regardait comme autant d'arbres sacrifiés.

Exemples remarquables de plantations sur terrains argileux de mauvaise qualité.

De tous ceux qui furent employés à cette plantation, *pas un ne manqua*, et aujourd'hui ces pins ont plus d'un mètre de circonférence.

Sur la même propriété de La Roche, un des plus beaux massifs de pins est composé en grande partie de pins sylvestres, et le sous-sol n'est autre qu'une argile dont on a extrait des portions pour fabriquer des tuiles et des tuyaux de drainage.

Le pin sylvestre ne réussit bien qu'en massif et non isolé-

Sa place isolément ou en massif.

ment. Dans ce dernier cas, il n'a pas plus de valeur que le pin maritime. Il a même de plus que lui une disposition très-prononcée à développer outre mesure ses branches latérales, de telle sorte qu'il couvre inutilement beaucoup de terrain, ombrage les jeunes plants qui l'accompagnent et leur porte un préjudice notable. Le pin sylvestre ne convient en mélange qu'avec le pin maritime avec lequel il rivalise de promptitude de végétation, et non pas avec les autres pins et surtout les abies.

Semis. Sa graine lève avec la même facilité que celle des pins maritimes et des précédents. Elle ne réclame pas une préparation plus recherchée.

Prix de la graine. Elle est moins chère que celle du laricio et du pin noir. On la trouve dans le commerce au prix de 5 fr. le kil. Il importe, pour l'avoir de bonne qualité, de s'adresser directement aux sécheries de Haguenau ou à une des maisons qui sont le plus en réputation.

Nous répéterons pour la graine de pin sylvestre ce que nous avons dit précédemment de la graine de pin maritime. Son prix étant beaucoup plus élevé, il devient important de s'assurer de la bonne qualité de cette graine en récoltant celle dont on doit faire usage.

En exposant les cônes au soleil, il faut surveiller attentivement l'opération pour que les graines nouvellement extraites ne deviennent pas la proie des oiseaux qui en sont très-friands.

Pour dérober ces graines à la voracité des oiseaux aussi bien qu'à celle des animaux de basse-cour, nous avons à une époque fait ouvrir les cônes sur des claies supportées par un châssis fermé et adossé au pied d'un mur à l'exposition du midi.

En devenant libres, les graines étaient reçues dans un tiroir d'où on les enlevait à la fin de chaque journée.

Les cônes se récoltent également de décembre à fin de janvier. On donne pour leur cueillette et le transport à la sécherie, à Fontainebleau, 1 fr. 75 c. de l'hectolitre.

Un litre contient approximativement 65,000 graines. Le kilogramme occupe un volume d'à peu près deux litres.

Les cônes de pin sylvestre ne jouissent pas de la faveur de ceux du pin maritime comme combustible à cause de leur exiguité. On ne peut les utiliser que dans les foyers des sécheries.

La bonne graine nouvelle lève au bout de dix-huit à vingt jours. Nous avons répété plusieurs fois cette expérience. *Temps que met la graine à lever.*

Le pin sylvestre est celui de tous les pins qui *supporte le mieux la transplantation*. Sous l'influence d'une température ordinaire, on n'a pas une perte de plus de 20 %, et moins encore si au lieu de plant de pépinière élevé à l'ombre, on dispose de plants de semis sur place, c'est-à-dire aguerris et préparés à l'exposition solaire. *Transplantation.*

Il se transplante généralement à 2 et 3 ans. Nous n'avons jamais remarqué que les plants de pépinière fussent beaucoup plus aptes à reprendre que ceux qui sont extraits des plantations comme surabondants, malgré ce que ce fait a de surprenant en apparence. Des plants languissants ou provenant de semis trop épais, grêles, ou arrachés en mauvais temps et sans précaution, peuvent seuls faire exception.

A 3 ans et plus, le pin sylvestre exige un trou proportionné pour loger convenablement ses racines ; mais à 2 ans, son tempérament robuste se contente d'une simple ouverture faite dans le sol avec une bêchette, pour reprendre (1). *Procédé prompt et économique.*

(1) Le même procédé a été mis en usage dans les montagnes de l'Ecosse pour la plantation des forêts de pins sylvestres et de mélèzes. Chaque planteur faisait de la main droite et avec sa bêche une fente assez profonde et suffisamment ouverte ; puis, prenant un plant de 2 ans dans un panier porté par un enfant qui venait à sa suite, il introduisait ce plant de manière que les racines ne fussent pas recourbées, et il refermait la fente en pressant la terre avec son talon. Il faisait ensuite deux pas et recom-

Transplantation à un âge avancé possible mais coûteuse.

On peut transplanter le pin sylvestre à un âge plus avancé, nous en avons extrait de grandes plantations qui avaient 2 mètres et plus de hauteur et qui ont repris facilement. Nous ne conseillons cependant pas de procéder ainsi habituellement, parce que l'opération devient plus longue, plus coûteuse, plus embarrassante. Les trous doivent être plus profonds et les arbres, s'ils ne sont pas assujettis au moyen de tuteurs, sont balancés par le vent et leur reprise est plus incertaine. Une telle plantation, quoique pratiquable, est un cas exceptionnel qui ne peut avoir pour objet qu'un nombre restreint de sujets et pour un effet immédiat à produire, soit auprès d'une habitation ou pour la décoration d'un point de vue.

Bois.

Le bois du pin sylvestre est dépourvu d'aubier, il est préférable à celui du pin maritime et rivalise avec celui du sapin argenté (*Abies pectinata*).

D'après les auteurs allemands (1), on emploie indifféremment le pin sylvestre et le chêne pour la charpente, et pour le chauffage, il est comparable au hêtre.

Reçoit la greffe du Laricio.

La greffe herbacée qui est si importante pour la propagation des pins à deux feuilles, tels que le laricio et le pin noir, se pratique avec la plus grande facilité sur ce pin qui procure l'avantage d'obtenir ces variétés avec un développement complet dans des situations et sur des terrains où le laricio surtout se refuserait à croître franc de pied.

5° Mélèze d'Europe.

Cet arbre croît spontanément dans les montagnes de la Suisse, de l'Italie, etc.; on le trouve jusque dans les mon-

---

mençait l'opération; si la bruyère gênait, il en arrachait une ou deux poignées avant de faire la fente. Chaque ouvrier plantait à peu près 800 plants par jour. (*Traité pratique des Arbres résineux*, par le marquis de CHAMBRAY, page 295).

(1) HARTIG, grand maître des forêts de Prusse, *Instructions sur la culture des bois*.

tagnes de la Sibérie. Il occupe, tantôt la plaine, tantôt les hauteurs (1).

Sa croissance est prompte même sur de mauvais terrains, pourvu qu'il y rencontre l'argile. Le calcaire, les sables purs, l'humidité lui sont tout-à-fait contraires.

Convenances.

Nous l'avons vu sur des talus de chemin de fer en Angleterre et sur d'autres terrains argileux en Ecosse où son aspect était des plus satisfaisants.

Sur des sols siliceux avec sous-sol argileux, nous l'avons vu se développer d'une manière inattendue (2).

Cet arbre, après avoir prospéré pendant les premières années, s'est démenti dans certaines localités et a fait croire que sa végétation était temporaire ; mais est-il bien prouvé qu'il a été placé sur le sol qui nous paraît lui être indispensable, c'est-à-dire sur un fond d'argile?

Motifs de son insuccès.

Nous pourrions citer des faits à l'appui de cette allégation, et si nous insistons sur ce point, c'est que nous avons vu des mélèzes dépérissants et des mélèzes prospères. Les premiers étaient sur fond calcaire ou sur sous-sol alumino-siliceux, les seconds avaient le pied dans l'argile pure et tenace.

Terrain qu'il préfère.

Quoique nous ayons vu un massif de ces arbres sur fond calcaire arrêté dans sa croissance, un auteur dit, cependant (3), en avoir rencontré qui prospéraient dans des

---

(1) *Culture des bois*, par Parade, directeur de l'Ecole forestière, page 163.

(2) Le sol le plus convenable pour le mélèze est un sol glaiseux; *Principe fondamental de la Science forestière*, par H. Cotta.
Ayant fait défoncer une ancienne aire de cour de métairie, on y planta divers jeunes plants résineux en pépinière, âgés de 2 ans. Cette terre était une argile graveleuse qui faisait dire aux ouvriers : « les plants qui viendront là seront braves, » tant elle leur offrait de difficultés et tant elle avait le caractère d'une complète infertilité. Trois ans après, les mélèzes avaient six fois la hauteur des autres résineux.

(3) Kastofer, *Voyage dans les Alpes Rhétiennes.*

débris de rochers calcaires. On est parvenu à cultiver le mélèze dans la Bourgogne (Côte-d'Or) sur du calcaire de mauvaise qualité. Il a échoué dans la Champagne.

Quoi qu'il en soit, la qualité du bois de mélèze est si remarquable que nous conseillons d'essayer ce résineux en petite proportion dans les endroits où on croira qu'il trouvera des éléments en rapport avec ses exigences.

Selon Hartig (1), le mélèze préfère un terrain peu profond, mêlé d'argile, de gravier, il réussit encore dans toute autre espèce de fond de bonne et de médiocre qualité.

D'après Decandolle (2), la nature du sol n'exerce pas sur le mélèze une influence très-marquée, cet arbre ne demande pas un sol particulier et semble seulement redouter ceux qui sont extrêmes. Il craint surtout les endroits marécageux.

Plantations en Angleterre et dans le nord de l'Ecosse.

En Angleterre, des plantations qui remontent à plus d'un siècle et qui ont été continuées jusqu'en 1826, ont été faites sur 3,917 hectares (3).

M. L. de Lavergne (4) assure que les plantations de mélèze du nord de l'Ecosse comprennent 6,000 hectares; que les montagnes où elles ont été exécutées étaient tout-à-fait nues et déboisées et que cette forêt, qui a poussé avec une rare vigueur, n'est pas un des moindres ornements de ce paysage grandiose.

Bois.

Le bois de mélèze a des propriétés essentielles pour résister à l'eau. On a construit, en Angleterre, une frégate de 28 canons, où tout, sans en excepter ni la quille ni les mâts, n'était composé d'une autre espèce de bois que de mélèze, et malgré les rudes et longues épreuves qu'elle eut

(1) *Instructions sur la culture des bois.*
(2) Réponse aux Rédacteurs du *Quaterly Journ. of Agriculture.*
(3) *Traité pratique des essences résineuses*, par le marquis de CHAMBRAY, pag. 293.
(4) *Economie rurale de l'Angleterre*, page 357.

à subir, on a toujours, en l'examinant, loué la qualité de son bois.

On peut assurer que ce bois peut être employé à faire tous les ouvrages qui ont besoin d'une grande résistance aussi bien à l'intérieur qu'à l'extérieur (1).

Le mélèze est le plus haut, le plus droit, le plus incorruptible de nos bois indigènes. Il est excellent pour tous les usages et très-recherché, car en plusieurs cantons de la Suisse, une pièce de bois de mélèze coûte le double d'une pièce de chêne de même dimension (2).

On propage ce résineux par la transplantation de plants *Propagation.* de 2 à 3 ans. La graine ne réussit qu'en pépinière avec des soins particuliers et des abris contre le soleil.

Seul ou en massif, il pousse droit et peut composer des *Place.* avenues.

Le mélèze est avec le Cyprès chauve de la Louisiane, le seul des conifères qui perde ses feuilles en hiver.

6° Sapin argenté ou de Normandie.

Ce sapin est indigène. Il occupe diverses étendues de *Bois.* terrain en Normandie, en Bretagne, dans les Vosges, etc. C'est un des plus beaux résineux par son port droit et élancé et un des plus précieux par la nature de son bois. Il approvisionne la mâture de notre littoral et son bois a souvent été vendu et accepté pour du pin du nord.

Pour acquérir ses plus belles dimensions, il réclame un *Convenances.* terrain un peu substantiel et profond.

Il ne doit être essayé sur les terrains médiocres qu'avec prudence et circonspection.

Il se propage par voie de transplantation et demande un *Transplantation.* léger abri pendant les deux ou trois premières années.

(1) *Du Bois de Mélèze,* par Bodin, directeur de la ferme-école de Rennes.

(2) *Observations sur le Mélèze,* par Malesherbes.

4

3° Sapin Picea, de Nordmann, d'Espagne, de Douglas, noble.

Ces arbres sont de nouvelle importation, à l'exception du picea, ils se recommandent généralement par une prompte végétation dans des terrains de qualité secondaire, quelques-uns même se contentent de sables, par de hautes dimensions et les nombreux services qu'ils sont appelés à rendre dans l'industrie.

Variétés à essayer. — Il y a utilité à en essayer la culture dans certaines limites.

Transplantation. — Tous ne peuvent être mis en place que par la transplantation et en leur ménageant un abri pendant les premières années.

Protection facile. — Le moyen le plus simple consiste à planter ces sapins dans un terrain garni de pins maritimes de 4 à 5 ans.

Dès que ces pins auront atteint 1^m à 1^m 30 centimètres de hauteur, on pourra pratiquer quelques éclaircies qui seront renouvelées à mesure du développement des sujets que l'on se propose d'élever. On nuirait à la plantation à demeure si on n'éclaircissait que dans les places que doivent occuper les sapins. Il faut éclaircir toute la plantation pour donner à l'air une circulation libre et facile quoique modérée dans les premiers temps.

Les pins maritimes sont l'abri le moins coûteux qu'on puisse employer pour assurer la reprise de ces sapins.

Pinetum de Cheverny. — Il y a à Cheverny des massifs nombreux de sapins *Douglas, Nobles, Nordmann,* etc., qui composent un *Pinetum* fort intéressant. Ces arbres ont une hauteur de 6 à 8 mètres et permettent de croire qu'ils seront un jour tout à la fois un ornement pour nos forêts et une utile et précieuse ressource pour l'industrie.

Rusticité. — Les variétés que nous avons citées sont, parmi celles qui composent la grande série des nouveautés, celles qui sont les plus rustiques et qui peuvent être essayées avec le moins de défiance.

Bois. — Sans connaître exactement la qualité de ces bois, tout fait présumer qu'elle ne sera pas inférieure à celle de notre beau et remarquable sapin argenté ou de Normandie.

8° Cèdre de l'Atlas.

Ce cèdre paraît être une variété de celui du Liban. Il appartient à l'Afrique et a été signalé il y a environ vingt ans, après avoir été observé sur les cîmes de l'Atlas et les versants du Mouzaïa. Là, ce cèdre acquiert des dimension hors ligne, qui dépassent celles que nos végétaux ligneux atteignent communément. On cite des individus dont le tronc a plusieurs mètres de diamètre. Il y a au musée d'Alger une portion de tronc de cèdre de l'Atlas qui a $2^m 50$ de diamètre. *Développement remarquable.*

Son bois passe pour avoir des qualités bien supérieures à celles du Liban. Il est apprécié pour le travail et l'industrie, prend un beau poli, est bien nuancé, se façonne facilement, et n'est pas sujet à la vermoulure (1). *Bois.*

Le cèdre du Liban n'a été jusqu'à présent considéré que comme arbre ornemental, et ce n'est que dans les jardins paysagers qu'il a été admis. Tous les terrains, il est vrai, ne lui conviennent pas, et s'il n'est pas sur un sol exempt d'humidité, quelque peu calcaire, dût-il même reposer sur des massifs de rochers, il s'élève peu, s'étale au loin, et devient un arbre insignifiant à part l'effet qu'il peut produire comme massif toujours vert. *Valeur secondaire du Cèdre du Liban.*

Le cèdre de l'Atlas diffère de ce dernier par une plus grande rusticité. Il vient dans la majeure partie des sols, dans les sables maigres et infertiles, où il se fait remarquer par une végétation beaucoup plus prompte. *Rusticité.*

Nous en avons trouvé un groupe à Cheverny, près du château. Ils sont moins buissonneux, plus réguliers, et semblent par leur attitude faits pour s'élever avec plus de verticalité que le cèdre du Liban. *Cèdres de Cheverny.*

On nous a assuré, dans les pépinières d'Angers, que ce cèdre y avait une végétation double de celle du cèdre du Liban.

(1) *Culture des bois*, par PARADE, page 174.

Le plus gros de ces arbres qui sont sur fond calcaire, a 0ᵐ 72 cent. de circonférence. On nous a dit qu'il en avait été répandu de 4 à 500 dans les bois et sur les fossés. Ils ont 18 ans et se comportent de manière à inspirer toute confiance pour l'avenir. Nous avons remarqué sur le même domaine une avenue dont les jetées des fossés qui la limitent ont été plantées de divers résineux, tels que le *Taxodium sempervirens*, le *Pin laricio*, le *Cèdre du Liban* et de *l'Atlas*.

Supériorité du Cèdre de l'Atlas. Ces arbres, tenus à 9 mètres d'intervalle entre eux, sont beaux, malgré la nature du sol argilo-calcaire. Les cèdres du Liban s'élargissent et ne s'élèvent pas. Ceux de l'Atlas, au contraire, sont parfaitement élancés, et leurs rameaux latéraux peu allongés.

Le cèdre de l'Atlas nous paraît avoir décidément de l'avenir sous notre climat et être digne de quelques essais dans la proportion que nous avons indiquée, même en Sologne.

9° Pin du lord Weymouth.

Ce pin est sans contredit un des plus beaux dont nous a gratifié l'Amérique du Nord. Il se distingue par son port, son feuillage, son écorce verdâtre et luisante dans le bas-âge, sa hauteur et son développement en volume.

Convenances. C'est l'arbre des terrains frais et humides, limoneux même. Un fonds marneux ou pierreux ne lui convient pas, les sables humifiés, un peu gras et friables, sont plus favorables à sa végétation.

Exemple. Dans les jardins de Trianon, près Versailles, il y a un pin du Lord entr'autres sur la rive du lac principal, en terre franche et grasse, et qui est un des plus beaux spécimens que l'on puisse voir (1). Comme dans sa contrée

(1) Mesuré en 1844, il avait 22 mètres de hauteur et 0ᵐ 76 centimètres de diamètre. Nous l'avons mesuré en 1865, et son diamètre était de 0ᵐ 90 centimètres. (*Traité pratique des Arbres résineux*, par le marquis DE CHAMBRAY).

originaire, l'écorce est lisse, et la tige, parfaitement cylin-
drique, est dépourvue de branches jusqu'aux deux tiers et
même aux trois quarts de sa hauteur.

Il pousse droit, soit seul soit qu'il croisse à l'état serré.

Le bois qu'il fournit est blanc et léger. On s'en sert beaucoup en Amérique, dans l'intérieur des constructions, pour
l'extérieur, les charpentes de ponts en particulier et la
mâture. Ce résineux n'aurait-il que les qualités du peuplier
serait encore recommandable.

Quant à nous, nous l'avons trouvé souple et liant, et nous
avons vu des ouvriers employer des branches d'élagage pour
lier des fagots, comme cela se pratique avec des harts de
chêne ou d'autres bois feuillus.

Nous ne connaissons aucun autre pin dont le bois soit
aussi flexible et aussi élastique.

Le pin du Lord se multiplie par la transplantation avec
des sujets de 3 à 4 ans.

Mode de végétation.
—
Bois.

Exemple de son élasticité.

Transplantation.

10° Cyprès chauve de la Louisiane.

Ce beau cyprès est indigène des provinces méridionales
des Etats-Unis (1). Il y occupe exclusivement les marais, les
terrains fangeux et inondés, et se plait particulièrement au
milieu des eaux, dans des terrains tourbeux et sablonneux.
Là où il y a de l'argile, il prospère moins. Très-abondant au
Mexique, il existe à Chapultepec un de ces arbres appelé *el
Cyprès de Montezuma*, parce qu'il passe pour avoir végété
sous le règne de ce prince. En 1831, il était encore en pleine
vigueur ; son tronc avait alors une circonférence de

Convenances.

(1) Quoique résidant dans les parties méridionales, ce cyprès
peut habiter les pays froids. Il s'en trouve en Angleterre qui ont
(à Whitton, près Londres), jusqu'à 1m 50 centimètres de diamètre
et 24m de hauteur. On en trouve encore en Prusse et en Autriche.

Le cyprès chauve est l'un des arbres exotiques que l'on cultive
depuis le plus long temps en France. (*Traité des Arbres résineux*,
par le marquis de Chambray, page 350).

12^m 05 centimètres. Un autre à Santa-Maria, à l'ombre duquel, selon une tradition, se serait abrité Fernand Cortez, a 12 mètres de tour et 32 mètres de hauteur. Michaux a mesuré dans les Florides, des cyprès dont les dimensions se rapprochent des précédentes (1).

Particularités. Les racines du cyprès chauve, à un certain âge, sortent de terre sous forme d'exostoses coniques et tapissent irrégulièrement le terrain le plus rapproché du tronc. En Amérique, ces racines extérieures parviennent quelquefois à la hauteur d'un mètre. De couleur rouge de brique, elles sont une des particularités qui donnent à ce résineux un aspect des plus curieux.

Nous avons vu dans le parc d'un amateur, M. le comte de Montbron, à Clairveaux, près Châtellerault (Vienne), un cyprès de 8 mètres environ de hauteur. Planté sur le bord d'un courant d'eau vive, il était d'une vigueur étonnante. Ses racines garnissaient la surface du sol, elles s'étaient cramponnées sur la rive, et semblaient, en s'étendant à environ 2 mètres de la tige, réunies pour prémunir l'une contre l'érosion de l'eau et l'autre contre la violence des vents.

Avantage de la disposition des racines. Ces racines, continuellement lavées par le courant dont on avait peut-être augmenté la rapidité à dessein en cet endroit, démontraient quel parti on peut tirer de cet arbre pour défendre et fixer les rivages qui manquent de consistance.

A Cheverny, nous avons remarqué un magnifique cyprès de 16 mètres de hauteur et 0^m 76 centimètres de diamètre. Il est parfaitement pyramidal et a une belle végétation. Un peu trop éloigné du bord de l'eau, il a peu de racines à l'extérieur.

Dans le parc de Chenonceaux, près Amboise (Indre-et-Loire), au nord du château, il existe plusieurs cyprès à grande dimension. Plantés près d'un fossé humide, ils ont

(1) *Economie rurale*, par BOUSSINGAULT, 1er vol., p. 180.

un assez grand nombre de racines extérieures de 0ᵐ 25 centimètres à 0ᵐ 30 centimètres de hauteur. Mais n'étant pas
soumises au frottement constant d'une eau courante, comme
celles de Clairveaux, elles ont une teinte gris foncé.

On voit dans le parc de Rambouillet, près Paris, entre les
deux étangs et à l'est du château, la plus nombreuse et la
plus belle plantation de cyprès chauves qui existe en
France. Ces arbres forment une avenue double et sont au
nombre de 34. Nous avons mesuré le plus gros qui avait,
en 1864, un diamètre de 0ᵐ 94 centimètres (1).

Plantation de Rambouillet (Seine-et-Oise).

Il n'y en a qu'un ou deux dont le tronc soit entouré
d'exostoses. Si on les a détruites dans l'ignorance où l'on
était que ces appendices étaient des caractères de l'arbre
et non une difformité, on les a privés d'un de leurs plus
beaux avantages extérieurs.

Dans le parc de Fontainebleau, on trouve non loin du
château et près du petit cours d'eau qui partage les gazons,
un nombre de 19 cyprès de fort belle venue et disséminés
par groupes. Plusieurs rivalisent avec ceux de Rambouillet.
Le plus gros, mesuré par nous il y a peu de temps, avait un
diamètre de 90 centimètres et des exostoses de 45 centimètres de hauteur.

Plantation de Fontainebleau (Seine-et-Marne).

Nous avons remarqué dans le parc du petit Trianon, près
Versailles, où il y a un assemblage de riches sujets d'observations sur les conifères, plusieurs cyprès dont les racines
tapissent les bords du lac. Les exostoses ressemblent à autant de pieux enfoncés pour maintenir l'intégrité des rives
et s'étendent du pied de l'un de ces arbres jusqu'à une distance de 21 mètres.

(1) Nous avons pris des renseignements sur l'époque de la
plantation de ces arbres, et nous n'avons pu en recueillir aucun,
même dans les archives de la ville.
Nous nous en rapporterons donc à l'opinion de Bosc, qui a vu
le cyprès chauve dans la Louisiane et qui a visité ceux du parc de
Rambouillet en 1821. A cette époque, il les supposait âgés de
26 ans. Ils auraient aujourd'hui 80 ans.

Exemple de la propriété des racines.

Un voyageur qui a parcouru l'Amérique nous a raconté avoir vu, emporté par le courant d'un de ces rapides qui sillonnent ce pays, un pied de cyprès détaché d'un rivage, et entraînant avec lui toute la terre à laquelle ses racines adhéraient si fortement, qu'elles n'avaient pu en être séparées même par l'immersion.

Bois.

Le bois du *Cyprès chauve* paraît, d'après Michaux (1), qui l'a observé dans son pays, être doué d'un grand degré de force et d'élasticité. Il résiste aux alternatives de chaleur et d'humidité, entre dans les bois de construction des habitations et sert à faire d'excellents conduits souterrains pour les eaux.

Transplantation.

La plantation avec des sujets de 4 à 5 ans devra être employée de préférence à toute autre.

Services que peut rendre cet arbre.

En nous étendant sur ce résineux, nous n'avons eu d'autre intention que de faire connaître un arbre qui est encore peu répandu et apprécié, et qui, utilisé comme il le mérite, peut rendre d'importants services pour garnir les marais et combattre leur insalubrité, planter et consolider des rivages exposés à être ravagés par des courants trop rapides. Plantés à peu de distance les uns des autres, les cyprès chauves peuvent constituer des rives inaltérables et même des limites infranchissables en favorisant une accumulation de nombreux dépôts terreux. C'est à des limites de ce genre qu'on pourrait appliquer le nom d'*appareil littoral* donné par un illustre géologue, M. Elie de Beaumont, aux amas de galets et aux *barres* des grands fleuves.

Vᵉ Question.

On peut diviser les conifères en deux classes : celle qui comprend les espèces venant de semis forestiers et plus ou moins difficiles à la transplantation, et celle qui se compose des espèces exigeant l'éducation en pépinière et supportant la transplantation à l'âge de 2, 3 et 4 ans.

(1) *Traité pratique de la culture des Pins.*

- 57 —

Dans la première classe, nous placerons :

Le *Pin maritime* ;

Le *Pin sylvestre* ;

Le *Pin laricio de Corse* ;

Le *Pin noir*.

Pins de grande culture par le semis.

Tous ces pins semés sur terrain préparé ou non, sur défrichement nouveau, sol gazonné, etc., lèvent et se font jour à travers les plantes arbustives et les graminées qui se rencontrent le plus fréquemment dans les landes, telles que la *Fétuque pinnée* (*Festuca pinnata*), la *Molinie bleuâtre* (*Molinia cœrulea*), etc.

Il y a rarement de l'avantage à transplanter ces pins, sauf le pin sylvestre, à cause de la difficulté qu'ils offrent à la reprise.

Degré de difficulté de quelques pins à la transplantation.

Le *Pin maritime* donne en général un perte de 80 à 90 %.

Le *Pin noir* donne une perte moyenne de 40 %.

Le *Pin laricio* donne une perte moyenne de 40 %.

Le *Pin sylvestre* ne donne une perte que de 10 à 15 % (1).

De tous les résineux, le pin sylvestre est donc celui qui se transplante avec le plus de succès. En employant du plant de 2 ans, et dès l'automne, la perte se réduit à un chiffre peu élevé et en quelque sorte ne valant pas la peine d'être exprimée.

Supériorité du pin sylvestre pour la transplantation.

Que ce pin soit extrait d'un semis à demeure ou d'une pépinière, nous n'avons jamais remarqué que ces derniers eussent un chevelu radiculaire bien plus fourni, et qu'ils eussent pour la reprise une supériorité marquée. Nous

Les soins de la pépinière lui sont inutiles.

(1) Dans la forêt de Fontainebleau, où le reboisement a été fait de la manière la plus savante et la plus intelligente, on transplante les jeunes laricios avec une petite pelle creuse qui rapproche la terre des racines et les empêche en quelque sorte de s'apercevoir de leur déplacement. Il faut convenir que le sol de sable pur et exempt de pierres, de cette forêt, permet d'introduire partout et avec une entière facilité cette pelle creuse, et que la transplantation n'éprouve aucune difficulté.

signalerons ce résineux aux planteurs comme un des plus précieux auxiliaires qui soit à leur disposition pour opérer des reboisements dans les diverses circonstances que nous avons énumérées.

Pins réclamant les soins de pépinière. La seconde classe comprend tous les autres pins et les sapins. Ces arbres ont besoin de plus de soins que ne pourrait leur en donner la grande culture, et la pépinière est indispensable à leur première éducation. D'une végétation plus lente, ils réclament impérieusement un sol exempt de plantes étrangères et leur sensibilité à la chaleur exige presque toujours un abri au moins l'année de leur début à la vie.

Depuis que les pépiniéristes sont en possession de ces nouvelles et nombreuses espèces, ils ont compris qu'il était de leur intérêt de les livrer en état de reprendre. Ils sont parvenus, après des repiquages répétés, à pouvoir les fournir munies d'assez nombreuses racines pour n'occasionner dans l'opération de la transplantation qu'une perte très-modérée, qui sera toujours en raison des conditions de température. Un printemps très-sec tue beaucoup d'arbres, et une saison partagée par quelques périodes humides sauvegarde une grande quantité de plants.

Epoque favorable de la transplantation des résineux. Toutes les plantations de résineux se font généralement trop tard au printemps. On doit les commencer dès la fin du mois d'août et courant de septembre et réserver pour le printemps les sujets en motte, en pot ou en panier et encore convient-il de ne pas dépasser le mois de février.

OBSERVATIONS PARTICULIÈRES.

Bien que le Comité central de la Sologne n'ait mis au concours que la question des essences résineuses, il nous a paru utile d'ajouter quelques réflexions sur ce projet de reboisement, et de représenter, qu'à part ces espèces, il en est quelques autres appartenant à la catégorie des bois à feuilles décidues ou caduques qui présentent un intérêt sérieux. Nous voulons parler du *chêne*, du *châtaignier*, de l'*acacia* et du *bouleau*.

1° Chêne.

Cet arbre, dont l'emploi utile n'a pas besoin d'être démontré, peut occuper une certaine partie des terrains à reboiser. Il pousse, il est vrai, lentement et plus que les résineux en particulier, mais quand il est elevé, quand il s'est emparé du terrain, ses coupes périodiques et les réserves qu'il est permis de conserver, constituent un revenu assez élevé dans la suite.

Ses avantages.

Il n'est pas douteux que le chêne ne réussisse dans beaucoup d'endroits de la Sologne, les forêts de Boulogne et de Chambord, près Blois, celle de Bruadam, près Romorantin en sont des témoignages évidents. Nous avons cité un beau taillis que nous avions remarqué près de Salbris et qui nous a paru emprunter son état prospère à la convenance du terrain d'une part et à la préservation de la dent des bestiaux d'une autre part.

Chances de réussite en Sologne.

Conséquence du séjour des bestiaux dans les bois.

Nous insisterons sur de dernier point, parce que la présence continuelle des animaux dans les bois et dans un pays où la nourriture est si rare, doit amener la disparition des parties boisées qui ont survécu à cette désastreuse pratique.

Autrefois, l'éducation du chêne était livrée au hasard, et entourée de certaines difficultés. On calculait avec raison la longue période pendant laquelle on n'avait aucun revenu et on reculait souvent devant cette privation de loyer. Maintenant, on sait qu'en accompagnant un semis de glands de graines de pin, on le protégera, on favorisera sa végétation et on aura, après six à huit ans au plus, une éclaircie qui remboursera tous les frais de premier établissement et quelquefois davantage. On sait encore que les pins, dans les sols brûlants, fournissent, dès leur première éclaircie, l'occasion de semer du gland, et de le placer dans des conditions d'autant meilleures que les pins le défendent contre

Education du chêne.

Peut-on favoriser sa végétation?

Emploi de plants
de chêne à
défaut de glands. les excès des sécheresses. C'est aussi le moment le plus convenable pour user de plants de chêne quand le gland fait défaut comme c'est assez fréquent.

Aujourd'hui, planter du chêne après l'avoir élevé de manière à offrir toutes les chances désirables de reprise, n'est plus un procédé hors de la portée des planteurs. Il suffit de le disposer en pépinière sur terrain défoncé à environ 0ᵐ 30 centimètres de profondeur, de façon à pouvoir être débarrassé de son pivot à peu près sans dépense, et à donner à l'âge de 3 ans des plants munis d'un chevelu des plus abondants ce qui est une garantie certaine de succès. La transplantation du chêne avec des plants de bonne nature et surtout des pédonculés, est une voie facile de boisement. Sur une étendue de 7 à 8 hectares, où des semis précédents, et plusieurs fois répétés, avaient échoué, nous sommes parvenus à meubler ce terrain qui est converti en ce moment en un beau et vigoureux taillis, par la plantation avec des plants forestiers et non soumis à la préparation que nous avons indiquée. Le résultat est encore bien supérieur quand on peut employer des plants disposés à la reprise par la section souterraine du pivot, comme nous l'avons pratiqué sur d'autres points.

Choix de l'espèce. Nous ajouterons que pour réussir avec plus de certitude encore, il faut avoir soin de faire choix de glands de chêne pédonculé (*Quercus pedunculata*) et non de chêne noir (*Q. Sessiliflora robur*) dont la végétation est d'une lenteur désespérante. Nous avons distingué à une époque, en forêt, une variété de chêne pédonculé qui nous a été signalée à cause de la célérité de sa végétation, des dimensions auxquelles elle parvenait, de la belle qualité de son bois et de son peu de délicatesse sur la nature du terrain. Cette variété Variété
à propager et
procédé
expérimenté. de chêne, que nous n'avons trouvé décrite par aucun forestier (1) et que nous appelerons, pour la spécialiser, *chêne pé-*

(1) Ce chêne est sans doute une hybridation du chêne commun et pédonculé. C'est, du reste, avec cette variété qu'on obtient le

donculé à pétiole et nervures jaunâtres (*Q. pedunculata petiol. et nervis flavescentibus*), nous est venue en aide à notre grande satisfaction dans de nombreux reboisements. Nous avons mis en place, sous des pins éclaircis, plusieurs milliers de plants de cette espèce, traités en pépinière comme nous l'avons indiqué et nous avons reconnu qu'entre eux et les chênes noirs il y avait une énorme différence sous le rapport de l'accroissement.

Ce procédé de transplantation, que nous recommandons tout spécialement pour l'avoir expérimenté, exige quelquefois un binage la première et la seconde année. C'est une dépense de 15 fr. par hectare. Mais elle est susceptible d'être quelquefois payée le double par la valeur de la récolte de bruyère qui croît dans les intervalles.

Le chêne, en outre de son bois, donne du gland. Cette récolte, pour n'être pas régulière (on compte une bonne glandée tous les six ans au plus), n'en est pas moins importante. *Fruit du chêne.*

Le gland sert à la reproduction de l'espèce et à l'engraissement des porcs. On est parvenu à dessécher ces fruits, à les réduire en farine grossière et à prolonger cette ressource pendant une ou plusieurs années. On n'est donc plus exposé à la perdre par le désordre d'une végétation anticipée et le ravage des vers. *Avantages.*

En ajoutant une certaine quantité de houblon à des glands mûrs et non germés, on obtient une bière économique qui n'est pas sans avantage, tant à cause de sa promptitude à être utilisée que du bas prix auquel elle revient. *Boisson de glands.*

plus beau bois d'ouvrage. Les ouvriers connus sous le nom de *fendeurs*, nous ont dit et démontré que c'était de ce chêne que l'on retirait les meilleurs merrains, douvains, rais de voiture, parquets, etc. Il est prouvé, en outre, que ce bois a plus de valeur que celui du chêne noir, parce qu'il est moins exposé à la gelivure, est plus propre à la belle menuiserie, à la boissellerie et aux divers besoins de la marine.

Chênes
d'AMÉRIQUE
et
d'ALGÉRIE.

Il ne serait peut-être pas hors de propos de recommander quelques chênes d'Amérique et même d'Algérie (1), qui ont des qualités particulières, mais ce ne serait qu'à titre d'essai qu'on pourrait les cultiver, et en Sologne il y a nécessité et intérêt à aller directement vers un but plus assuré.

Chêne TAUZIN.

Si pour ce motif nous ne citons aucun de ces chênes, nous ne passerons pas sous silence une espèce indigène qui mérite d'être propagée dans les régions avoisinant celles où il croît spontanément.

Habitat.

Nous voulons parler du *Tauzin* (*Querc. Tozza*) qui est commun dans l'Anjou, la Charente, la Gironde, les Pyrénées, c'est-à-dire sur tout le littoral. Nous avons cependant observé ce chêne entre Périgueux (Dordogne) et Brives (Corrèze).

Il a été signalé par Boreau dans l'Indre (2), mais en petite quantité. Il se rencontre aussi en Sologne où ses jeunes pousses, quoique plus tardives dans leur développement, gèlent par certains printemps.

Bois
de chauffage.

Le *Tauzin* est remarquable à plus d'un titre. Il donne principalement un bon bois de chauffage (3) et un excellent charbon. Il est impropre à la fente et aux constructions parce qu'il est *noueux, son aubier est abondant, il est disposé à se gercer et à se tourmenter. Les insectes s'y logent de préférence à tout autre* (4). *Il est donc rebuté comme bois de travail.* Mais il fait oublier ces défauts par des qualités essentiel-

(1) Tous les chênes se propagent, à défaut de glands, par la greffe sur le chêne pédonculé. Nous avons greffé en fente plusieurs variétés d'Amérique et le chêne vert ou yeuse, lui-même sur une jeune souche qui nous a donné dans l'année un scion de plus d'un mètre de longueur.

(2) *Flore du centre de la France.*

(3) O. Leclerc-Thouin, *Agriculture de l'Ouest de la France:* « Quand les fagots de Tauzin paraissent sur le marché d'Angers, « ils s'y vendent toujours beaucoup plus cher que ceux des autres « chênes. » Pages 396 à 403.

(4) MATHIEU, *Flore forestière*, page 249, deuxième édition.

les, celle de s'accommoder *des terrains les plus ingrats, secs ou humides, siliceux ou mélangés d'argile où aucune autre espèce ne saurait se maintenir* (1), *puis de drageonner sans y être provoqué par des exploitations* (2).

Dans l'Ouest, O. Leclerc-Thouin (3) a aussi remarqué que le Tauzin s'y reproduisait avec une merveilleuse facilité par les drageons.

[marginal note: Sur quels terrains il croît. Mode de propagation.]

Il est à nos yeux, sous ce rapport, un de ceux parmi les bois durs qui réclame une attention plus active, parce que dans les brandes ou landes, sa propagation y présenterait de nombreux avantages si on parvenait à le rendre plus rustique en l'élevant à l'abri du pin et en le plaçant à bonne exposition.

[marginal note: Ses propriétés pour le reboisement.]

Nous avons cherché maintes fois à nous procurer du gland de ce chêne et nous n'y sommes pas parvenus. Nous pensons que l'on accélérerait son drageonnage par des coupes répétées à peu d'intervalles. Les brins venus sur racines réussissent rarement sans que nous en connaissions la cause. Nous croyons qu'on doit l'attribuer au défaut de chevelu.

Nous avons étudié ce chêne dans la Dordogne, sur une lande aride où nul autre que lui n'existait, et il y était même clairsemé. Le terrain sur lequel il vivait était une argile grasse qui servait à alimenter une briqueterie du voisinage. Malgré cette défaveur, nous avons constaté la présence de nombreux rejets s'étendant à quelques mètres de distance et capables de repeupler cette maigre lande si elle n'avait été parcourue dans tous les sens par des troupeaux affamés et affranchis de toute surveillance.

[marginal note: Sur quel terrain il a été vu dans la Dordogne.]

Nous avons remarqué en outre le Tauzin près de Seiches (Maine-et-Loire), dans du sable pur, et près de Cléret et Ambillou (Indre-et-Loire) dans une sorte de terre de bruyère où il a conservé ses facultés drageonnantes.

[marginal note: Il est l'arbre des terres pauvres.]

(1) Mathieu, *Flore forestière*, page 248.
(2) Mathieu, *Flore forestière*, page 248.
(3) *Agriculture de l'Ouest*, page 403.

— 64 —

Valeur. Ce chêne a donc une valeur agricole et économique qui doit être prise en sérieuse considération.

2° Châtaignier.

Cet arbre doit être considéré comme arbre forestier d'abord, puis comme arbre fruitier.

Sa valeur est croissante. Son importance est tellement connue pour les produits qu'il donne en cercles, échalas, etc., que nous pouvons nous abstenir d'entrer dans les détails qui s'y rapportent. Nous dirons seulement que sa valeur est en période croissante en raison des nombreux besoins qui se révèlent chaque jour et qu'il est appelé à satisfaire.

Revenu d'un taillis. Autrefois, un hectare de taillis de châtaignier coupé à 6 ans, valait 600 fr., aujourd'hui il vaut presque le double dans les terrains qui lui sont le plus favorables (1).

Nous connaissans dans les environs de château du Loir

(1) Un hectare de châtaignier bien planté contient environ 3,000 souches à une distance entr'elles d'à peu près 1ᵐ 60 centimètres.

Plus éloignées, les souches se garnissent d'une très-grande quantité de rejetons qui prennent de la grosseur dans le pied, portent de nombreuses branches, s'élèvent peu et augmentent inutilement les frais de mise en œuvre. Plus serrés, les brins s'étiolent, s'effilent outre mesure, restent maigres et donnent plus de longueur qu'il n'est nécessaire pour un cercle. C'est pourquoi nous insisterons pour la moyenne de 3,000 souches par hectare.

En plein rendement, c'est-à-dire de 10 à 12 ans après la plantation, chaque souche donne au moins 4 brins qui, refendus, fournissent généralement 8 perches propres à être ployées et mises sous forme de cercle.

Les 3,000 souches produiront donc 24,000 perches ou 960 moles ou rouelles (chaque mole ou rouelle est composé de 25 cercles) qui au prix moyen de 1 fr. 75 c. donneront,..... 1,680 f. »

Coupe, fente du bois et mise en cercle, 960 moles ou rouelles à 0 fr. 75 c.......... 885   »

Reste.... 795   »

Si on a coupé à 6 ans, comme il convient de le faire pour le cercle commun en cours d'exploitation, le produit annuel de l'hec-

— 65 —

(Sarthe) et principalement dans les environs de Lavernat, des taillis de châtaignier sur fonds très-médiocre et ayant ce point de ressemblance avec la Sologne, qu'à la maigreur du sol se joint l'humidité. Ces taillis se vendent à sept ans 210, 700 et jusqu'à 1,750 fr. l'hectare, ce qui constitue un revenu annuel de 30, 100 et jusqu'à 250 fr. l'hectare.

Ces terrains ne nous ont pas paru valoir plus de 20 fr. de location si au lieu d'être plantés ils étaient livrés à la culture.

Quel produit plus certain, plus facile à récolter, à transporter, à conserver en cas de non-vente?

Comme arbre fruitier, le châtaignier n'est pas moins important. Il y a en France des contrées comme le Limousin, la Dordogne, la Creuse, la Corse (île de) où les habitants trouvent dans cette récolte une alimentation de plusieurs mois. Tout le monde aime et mange des châtaignes, et dans les pays dont nous venons de parler, la qualité inférieure de ce fruit sert encore à engraisser les porcs et les volailles.

« Dans les cantons où le châtaignier prédomine, dit « M. Blanqui (1), les habitants se sont accoutumés à vivre

Utilité comme arbre fruitier.

Exemple.

tare sera de 132 fr., et ce revenu est d'autant plus assuré qu'il est exempt des variations qui prennent leur cause dans les intempéries qui influent d'une manière si directe sur les produits agricoles.

Sur un sol un peu fertile, en pratiquant des binages comme nous l'avons vu faire dans la commune d'Allonnes, près Saumur (Maine-et-Loire), au lieu de 4 brins, on peut obtenir 6 brins et voir le produit de l'hectare approcher de 200 fr.

Dans la Gironde, où il se fait une si grande consommation du bois de châtaignier pour le cercle principalement, on a le plus grand soin des taillis. On leur donne deux labours à la charrue. La coupe se fait à cinq ou six ans, et l'hectare se vend jusqu'à 1,000 fr.

Dans les bois de la Malmaison, près Versailles (Seine-et-Oise), les taillis de châtaignier se coupaient il y a une vingtaine d'années à huit ans et se vendaient 1,200 fr. l'hectare.

(1) *Rapport sur l'état économique et moral de la Corse*, page 36.

5

« presque uniquement de châtaignes. Ils en font de la farine
« agréable et sucrée quand elle est récente, nauséabonde
« quand elle est vieille. Cet arbre est devenu leur provi-
« dence. Ils se reposent sur lui du soin de leur existence,
« j'ai presque dit de leurs enfants. Il plane sur les habita-
« tions, entoure les hameaux, y entretient la fraîcheur et
« l'ombrage. On le considère comme le grenier d'abondance
« de chaque localité. L'origine de ces grands arbres se perd
« dans la nuit des temps, j'en ai vu par milliers qui pas-
« saient pour être âgés de plus de cinq cents ans. Il n'est
« pas rare d'en trouver dont la circonférence dépasse dix
« mètres. Quand l'année est fertile, un de ces colosses vé-
« gétaux suffit à lui seul pour nourrir un homme pendant
« trois mois. Pour peu qu'un paysan puisse joindre au pro-
« duit de son châtaignier celui de sa vigne et d'un petit
« troupeau, le voilà riche et libre ; il est nourri, il est
« vêtu (1). »

Revenu d'une plantation. Un propriétaire ayant acheté, sur les confins du département d'Indre-et-Loire, une certaine étendue de sables incul-
tes et à un prix modéré, y fit planter des châtaigniers greffés
dans la proportion de 100 par hectare. Ces châtaigniers donnent en ce moment un revenu moyen de 1 fr. par pied ; c'est
donc 100 fr. que rapporte ce terrain qui n'a peut-être pas
coûté plus de 350 à 400 fr. l'hectare. Les récoltes accessoires de seigle et de sarrasin qui sont prélevées sur le reste de

(1) Lorsqu'un homme, à la campagne, a déjeûné de châtaignes
blanchies, ce mets savoureux et nourrissant ne lui permet guère
de conserver beaucoup d'appétit pour les repas suivants ; ensuite
chaque fois qu'un des cultivateurs d'une métairie rentre au logis,
qu'il soit jeune ou âgé, sa première action est de mettre la main
dans la corbeille enfumée qui contient les précieux restes du dé-
jeûner, dont les dernières miettes deviennent la part des chiens,
des chats et surtout des poules. Il résulte de tout cela, une économie de pain, dans la journée, supérieure à l'évaluation habi-
tuelle. (*Bulletin de la Société d'Agriculture de la Haute-Vienne,
Monographie du Châtaignier*, par LAMY, page 215.)

ce terrain, représentent ensemble un intérêt du capital engagé fort élevé.

Dans la commune de Lavernat, dont nous avons déjà parlé, les cultivateurs passent pour payer le prix de leur fermage avec le produit de leurs châtaigniers qu'ils ont commencé à *dausser* (greffer) en bonnes espèces depuis plusieurs années.

Dans l'Ouest, un beau châtaignier donne un produit annuel que l'on évalue à 9 ou 10 fr. (1).

La statistique agricole de Royer (2) attribue à chaque hectare un rendement de 29 fr., mais si la châtaigne était évaluée au prix réel de 6 fr. 90 c. au lieu de 3 fr. 90 c., prix qu'on ne rencontre plus aujourd'hui, ce rendement s'élèverait à 47 fr. 75 c.

Un propriétaire du Limousin ayant fait exploiter une vieille futaie de châtaigniers a constaté que ces arbres lui avaient donné un revenu de 7 0/0 du capital qu'ils représentaient tant en bois qu'en produits accessoires (3). Les châtaigniers en Limousin.

On pense dans ce pays que plus un domaine est pauvre et plus il sera profitable à celui qui l'administre d'y multiplier les châtaigniers. Leurs fruits, dit-on, combleront le déficit des grains, leurs feuilles abondantes y remplaceront, pour la litière des bestiaux, les chaumes de seigle (4). Exigent-ils un terrain riche ou pauvre?

On évalue généralement le revenu d'un hectare à .... **36 f. 40 c.**
et celui du terrain cultivé en moyenne à.. **26** Rendement comparatif d'un hectare planté et cultivé.

Différence en faveur du terrain planté.. **10   40**

Les châtaigneraies couvrent en Limousin 50,693 hectares Quelle étendue ils occupent en Limousin?

(1) *Agriculture de l'Ouest* par O. LECLERC-THOUIN, page 393.

(2) *Statistique agricole*, page 429.

(3) *Bulletin de la Société d'Agriculture de la Haute-Vienne. Monographie du Châtaignier*, par LAMY, page 202.

(4) *Idem.*

qui au prix modéré de 600 fr. donnent une valeur totale de 30,415,800 fr.

Le revenu de chaque hectare étant en moyenne de 30 fr. (50 pieds par hectare) donne un produit de 1,502,790 fr., soit l'intérêt à 5 0/0 du capital ci-dessus 30,415,800 fr. (1).

Différence entre le fruit du châtaignier sauvage ou greffé. Il s'agit ici de châtaignes communes et à peu près sauvages. Le revenu de ces arbres serait d'une tout autre valeur s'ils étaient greffés en espèce bonne et productive. Que faudrait-il pour un tel résultat? Une impulsion, des exemples, des encouragements et un peu de bonne volonté de la part des intéressés.

Terrain le plus convenable. Le châtaignier ne croît pas indistinctement dans tous les sols. Il vient dans les montagnes du Limousin, de la Corrèze, de la Dordogne, etc., et spécialement dans les lieux qui sont exempts d'eau stagnante, où enfin le sous-sol n'est pas de nature crétacée et liasique. Il est essentiellement silicicole, dit Mathieu (2), et se plaît dans les sols granitiques, sablonneux et schisteux. Généralement peu difficile, on le voit prospérer sur des terrains très-infertiles et légers. Il est essentiel qu'il y rencontre cependant de l'argile soit sablonneuse, graveleuse ou pure, mais perméable.

Il n'y a cependant pas que les sols sablonneux et les montagnes qui aient le privilége de porter du châtaignier. Nous l'avons cultivé à 129ᵐ au-dessus du niveau de la mer, en terrain légèrement accidenté et nous avons obtenu de beaux taillis.

Le châtaignier est-il possible en Sologne? Peut-on espérer le voir réussir en Sologne?

Dans les parties humides et à sous-sol imperméable, il n'y faut pas compter. Mais dans les endroits où l'eau est absorbée nous affirmons qu'à cet égard notre conviction n'est pas douteuse. Sans doute il ne faut pas s'attendre sur de telles terres à un revenu toujours aussi élevé que celui

(1) *Bulletin de la Société d'Agriculture de la Haute-Vienne, Monographie du Châtaignier*, page 209.

(2) *Flore forestière*, page 224.

que nous avons cité plus haut, mais en le citant, nous avons voulu appeler l'attention sur des avantages qui pour être moindres peuvent être importants et même s'accroître par une disposition raisonnée du sol, comme nous l'avons vu exécuter sur la terre du prince Marc de Beauveau, près Lavernat. Là, l'eau stagnante est, comme en Sologne, le principal obstacle qui forme opposition à une production quelconque. Exemple à suivre en Sologne.

Des planches de 2 mètres de largeur, fortement bombées, ont été établies et des châtaigniers ou des plants de même essence ont été déposés de chaque côté du sommet de cet arc.

L'entretien des lignes intercalaires reçoit l'eau, la conduit au bas des pentes et assure le succès de ces plantations qui ont donné à ces mauvais terrains une valeur presque double.

En pratiquant la même opération en Sologne, on obtiendrait un résultat à peu près analogue.

Il est un indice extérieur qui nous a toujours servi de guide et nous a démontré la convenance, l'aptitude de cette culture sur un sol à propriétés équivoques, c'est la présence de la *fougère* (Pteris aquilina). Signe extérieur et certain de cette possibilité.

Dans nos pérégrinations à travers la Haute-Vienne, la Creuse, la Dordogne, la Corrèze, la Vienne, Maine-et-Loire et Indre-et-Loire, nous n'avons jamais trouvé ce témoignage extérieur en défaut. Partout où nous avons rencontré le châtaignier soit à l'état de taillis ou de futaie, nous avons invariablement constaté l'existence de la fougère. Faits à l'appui.

Dans le Limousin, les cultivateurs calculent sur ce produit des châtaigneraies pour la litière de leurs bestiaux. La fougère y existe donc en abondance.

Dans la Corse, M. Blanqui parle des fougères dont l'épaisseur et l'abondance lui ont souvent présenté des difficultés pour traverser les châtaigneraies (1).

C'est donc, d'après nos observations répétées, une plante

_____

(1) *Rapport sur l'état économique et moral de la Corse.*

qui doit être regardée comme un indice révélateur de la possibilité de la culture du châtaignier, indice, dirons-nous, très-précieux, puisqu'il met un terme aux indécisions du planteur et lui permet d'opérer avec pleine et entière certitude.

Particularités. Au reste, ce fait n'est pas sans précédents analogues. Nous avons suivi les opérations d'un chercheur de marne de profession du Limousin qui regardait l'épine noire (*Prunus spinosa*) comme un signe certain de la présence de cet élément.

On trouve en Belgique et dans les régions Rhénanes une sorte de violette qui est pour les mineurs une certitude de trouver où ils résident, des gisements de calamine et de minerai de zinc (1), ce qui lui a fait donner le nom de *violette calaminaire*. La bruyère indique généralement un terrain de qualité inférieure et là où cette plante est à l'état rabougri, le sol peut être considéré comme un des plus bas dans l'échelle de fertilité.

Nous avons remarqué en outre en Sologne des régions envahies par la fougère au milieu de laquelle surgissait la tige anguleuse de la *digitale pourprée* (*digitalis purp.*) (2).

Utilité de ces signes extérieurs. La fougère et la digitale peuvent dans beaucoup de circonstances renseigner utilement les sylviculteurs, et, nouveau fil d'Ariane, ces plantes, la fougère surtout, leur révéleront des ressources dont ils ne se croyaient pas possesseurs.

Cette culture peut être améliorée. Il est donc évident que la culture du châtaignier, de cet

(1) *La Plante, botanique simplifiée*, par J. MACÉ, 1er volume, page 80.

(2) M. BORREAU, auteur de l'excellent et précieux ouvrage de la *Flore centrale*, auquel nous avions fait part de notre remarque, nous écrivait les lignes suivantes : « Vous avez très-bien observé que l'abondance de la fougère fait présager le succès de la culture du châtaignier. Ces deux végétaux, en effet, recherchent les sols siliceux, et la digitale dans les mêmes lieux est encore un indice favorable. »

arbre à pain (1), que l'on peut rendre plus productif en y greffant des variétés à fruit de meilleure qualité, et plus féconds, présente un haut intérêt à être pratiquée et essayée.

Propagation.

Le châtaignier se multiplie par la transplantation de jeunes plants de 3 à 4 ans, dont la reprise est facile, et par la plantation de la châtaigne elle-même.

Années fructifères.

La production du châtaignier est assez régulière, et on peut compter trois récoltes de fruits au moins sur cinq années.

Semis.

La châtaigne est par moments assez rare ou assez chère pour que l'on cherche à ne pas la prodiguer outre mesure ; aussi le semis par poquets, tel que nous l'avons indiqué pour le gland, nous paraît-il recommandable.

Procédé économique et certain.

On est quelquefois exposé à voir ces semis ravagés par les rongeurs. Nous ne pouvons indiquer comme moyen préservatif que celui que nous avons employé et qui consiste à déposer dans chaque petit trou ou poquet *une bogue entière* (involucre) ou enveloppe épineuse, avec ce qu'elle contient de fruits. Cette défense, en entourant les châtaignes, objet de la convoitise des rongeurs, suffit pour les repousser et les tenir à distance. Nous avons obtenu un plein succès de l'application de ce procédé simple et facile.

Place.

Nous recommanderons toutefois d'éviter de planter le châtaignier ailleurs qu'au nord ou à l'abri du midi. A cette dernière exposition, la végétation précoce du printemps est souvent détruite par les gelées tardives, ce qui cause du dommage aux perches qui ne peuvent jamais être trop droites.

Le taillis doit-il être pur ou mélangé ?

Il y a des planteurs qui mêlent le châtaignier au chêne et à diverses autres essences dans les taillis. C'est à tort, puisque le chêne se coupe de 10 à 15 ans en moyenne, et le châtaignier de 5 à 6. Il y a donc utilité à faire des taillis spéciaux qui seront aménagés en raison de leur vigueur et des conditions économiques où on se trouvera placé.

(1) *Notice économique et statistique agricole de la France*, par ROYER, page 126.

3° Acacia.

Importé de l'Amérique du Nord en 1600, la qualité du bois de l'acacia en fait un des arbres qui devraient occuper une part plus large dans nos plantations et reboisements.

Aucun autre ne pousse plus promptement.

Convenances. Il ne redoute que le calcaire, l'humidité et l'argile trop tenace, puis les sables purs. Les terres franches et légères avec sous-sol argileux, rocailleux et graveleux, lui conviennent et sont favorables à son développement.

Végétation. Le bois d'acacia est à peu près sans aubier. Son accroissement est rapide. Il a généralement, à 16 ans, le diamètre que porterait un chêne de 50 ans. Sur souche, l'acacia se renouvelle par des tiges ou perches de plusieurs mètres de longueur dans la première année. D'un grain dur et serré, **Bois et valeur.** il est propre à une multitude d'usages dans la charronnerie, la carrosserie, etc. On en fait encore d'excellents échalas ou charniers pour les vignes, aussi est-il avec raison d'un prix élevé. Quand le chêne vaut 45 fr. l'acacia se vend 60 fr. (1),

Usage. La marine le recherche particulièrement en Amérique et en Angleterre pour la gournablerie, parce qu'il est d'une durée fort longue et résiste aux variations atmosphériques. On ne peut employer le chêne à cet usage qu'après huit années de dessiccation, tandis que deux années suffisent à l'acacia pour être en état de service (2).

Coupe hâtive. La nature fibreuse de ce bois, dans son bas-âge principalement, le rend propre à faire du cercle, et son produit,

(1) L'acacia est dur, nerveux, d'une durée égale à celle des vieux chênes dès ses premières années. Sa résistance verticale est supérieure d'un tiers à celle du chêne. (MATHIEU, *Flore for.*, p. 88.)

(2) Nous tenons ces détails d'un chef de maison où les bois étaient soumis à diverses appropriations, et nous les garantissons parfaitement authentiques et résultant d'une pratique longue et très-intelligente.

sous ce rapport, n'est pas inférieur à celui du châtaignier.
On peut même le couper plus tôt, vers 4 ou 5 ans, et alors
que le bois de châtaignier ne serait pas encore assez fait,
l'acacia fournit des cercles dont la résistance à la pourriture
a été démontrée comme supérieure à celle du châtaignier,
surtout dans les caves fraîches.

Nous devons cependant faire observer qu'une garantie de
durée des cercles de cette espèce, c'est de noyer le bois. Son
séjour dans l'eau amène une décortication complète, dissout
les matières non élaborées, fortifie le bois et le préserve de
la vermoulure.

D'après d'assez nombreuses expériences, on a reconnu
que : 1° des cercles de tonneau de 1^m 10 centimètres de diamètre, ployés à double tour, ont été réduits à 60 centimètres ; 2° que des cercles de châtaignier de premier choix et
des cercles d'acacia noyé ayant été placés dans les mêmes
conditions, la comparaison a été tout à l'avantage de ces
derniers.

A une autre époque, des cercles d'acacia noyé qui se
trouvaient sur une tonne où l'on remplaçait des cercles de
fer oxidés et des cercles de châtaignier vermoulus, furent
rebattus deux fois, jusqu'à ce que les liens se rompissent
sans éprouver aucun dommage.

Nous avons fait exécuter du cercle avec cette essence, et
ce bois nous a paru d'une flexibilité sinon supérieure, au
moins égale à celle des autres bois qui sont destinés à cet
usage. Seuls, les ouvriers ont exprimé des plaintes à cause
de la dureté des nœuds qui émoussait le tranchant de leurs
outils.

Avantage et inconvénient de ce bois.

Ce bois, parvenu à un volume plus considérable, trouve-
rait encore un emploi pour la confection du merrain que les
Bordelais vont chercher jusque dans les forêts de la
Dalmatie.

Parti qu'on peut en tirer.

Un sujet de dix-huit ans de plantation a servi à l'expérience que nous avons faite, et ce fût, après six années
d'usage, ne présentait aucun signe d'altération. On n'avait

eu que la peine de remplacer quelques cercles. Il en eût été de même avec des cercles de châtaignier. Le vin, goûté en présence de témoins, fut trouvé parfaitement dépouillé de toute saveur particulière, et cependant le fût en question avait été fabriqué avec du bois vert (1).

Les indications que nous avons données sur le choix du terrain destiné au châtaignier s'appliquent à l'acacia.

Est-il possible en Sologne? Il y a donc également place en Sologne pour ce précieux et important bois dur à végétation rapide.

Transplantation. L'acacia se multiplie par la transplantation, le semis comporte des soins particuliers qu'on ne peut pas donner en grande culture.

Graine. La graine d'acacia est assez abondante, et il n'est pas d'année qu'on ne remarque de nombreuses siliques aux arbres qui ont atteint une douzaine d'années et même moins.

Dépense d'une plantation. Ayant planté sur un certain nombre d'hectares, voici le détail de l'opération telle que nous l'avons faite :

2,500 plants d'un an (à 2ᵐ de distance entre eux), à 4 fr. le mille .... 10 f. » c.

2,500 trous, de 0ᵐ 30 centimètres de profondeur, et mise en place des plants, à 6 fr. le mille................................. 15 »

Prix de l'hectare planté................. 25 »

Cette opération, il faut en convenir, a été pratiquée il y a une quinzaine d'années, alors que le prix de la main-d'œuvre était moins élevé. Mais aujourd'hui si les frais de premier établissement sont plus considérables, les produits ont suivi la même progression, et nous le prouverons en donnant le revenu d'un hectare d'acacia employé en charniers.

(1) Le fût dont nous parlons provenait d'un arbre abattu et mis en œuvre dans l'espace d'une semaine. Il avait été coupé au mois d'avril.

Frais de plantation : 2,500 plants d'acacia, 2 ans,
forts, à 15 fr. le mille........................   37 f. 50 c.

Fosses d'un mètre carré sur 0^m 50 centimètres de
profondeur, et plantation à 20 c. l'un..........   500   »

    Prix de revient d'un hectare planté.........   **537 f. 50 c.**

Chaque souche d'acacia donne environ
  15 charniers, soit pour 2,500, une
  quantité de 37,500 charniers.

Frais d'exploitation : abatage et frais de
  fente de 37,500 charniers, à 10 fr. le
  mille ....   375 f. » c.

Location du terrain pendant dix ans,
  âge auquel l'acacia est propre à fournir du charnier, à 40 fr...........   400 »

Intérêt à 3 % des frais de plantation
  pendant dix ans.................   161 »

                            936 f. » c.

Produit : 37,500 charniers à 60 fr. le mille   2,250   »

      Excédant du produit...........   1,314 f. » c.
ou produit annuel, 131 fr. par hectare.

La conversion de l'acacia en cercles donne un résultat
analogue et même supérieur.

L'acacia drageonne beaucoup quand il est coupé, et ce
qui est un inconvénient pour les terres en culture de son
voisinage, est un avantage en forêt. Il suffit de le planter
à 2^m comme nous l'avons fait pour avoir plus tard un taillis
plein.   *Propagation naturelle.*

Telle est sa force de végétation, que souvent ses racines
franchissent des chemins bordés de fossés pour envahir les
terrains de la rive opposée. Nous avons vu des sujets provenant de pieds-mère, dont ils étaient séparés par un mur
de clôture. Cette grande disposition à drageonner peut être
utilisée pour créer promptement des taillis à courte révolu-
tion, fixer des terres mouvantes ou provenant de remblais
récents, *et maintenir les terrassements des travaux d'art* (1).

Mode de végétation.

Utilité des plantations.

(1) Mathieu, *Flore forestière*, page 89.

Comme combustible, il produit une chaleur vive et soutenue. Il convient particulièrement au chauffage par foyers ouverts en raison de la très-grande proportion de sa chaleur rayonnante (1).

Services qu'il peut rendre. La grande quantité d'aiguillons dont sont armées ses jeunes branches, donne à l'acacia un emploi particulier, c'est de composer des clôtures très-défensives et très-lucratives, parce qu'elles peuvent être coupées tous les quatre à cinq ans, et qu'on en retire beaucoup plus de bois que de l'épine commune.

4° Bouleau.

Parmi les bois blancs, le bouleau est un de ceux dont on peut tirer le meilleur parti en forêt.

Bois. C'est un bois tendre et léger qui est cependant recherché pour quelques qualités, notamment pour la boulangerie qui a besoin d'un feu clair. Il donne un bon chauffage et du charbon qui est estimé.

Convenance. Beaucoup de terres légères sablonneuses ne doivent leur utilisation qu'à cet arbre.

Il craint l'humidité, le calcaire et certains sols argileux.

Rôle temporaire dans la création des bois feuillus. La végétation du bouleau est prompte. Cet arbre trouve un emploi très-utile comme auxiliaire et à titre temporaire dans la création des taillis de bois feuillus. Il abrite les plants destinés à occuper le terrain définitivement, donne trois à quatre coupes et disparaît quand l'essence principale est en état de dominer.

Avec quelle essence il s'associe. On peut associer le bouleau aux pins de toute espèce sans danger.

Quand, dans des taillis de châtaignier, il se trouve quelque place où cette essence n'a pu s'implanter, c'est un endroit désigné pour le bouleau.

Usage. Rendant les mêmes services que le châtaignier pour la

(1) Mathieu, *Flore forestière*, page 89.

fabrication des cercles, il s'accommode d'un aménagement à terme semblable.

Très-résistant à la gelée, puisqu'il est le dernier des végétaux ligneux que l'on rencontre en s'approchant du pôle du nord, il trouve encore sa place dans les fonds où les châtaigniers seraient exposés à la gelée. · ·

Rusticité.

Dans le voisinage des villes, les ramilles de bouleau servent à confectionner des balais. Les gaules de 6 à 8 ans font du cercle et les gros brins donnent des cercles de grandes cuves qui ont une durée d'au moins trente ans. Cette inaltérabilité tient à la présence d'une résine particulière renfermée dans ce bois.

Son emploi dans l'industrie.

Exploité industriellement, le bouleau donne du tannin qui sert à la préparation des cuirs du nord et son écorce, soumise à la distillation, donne du goudron (1).

Les vieux pieds de bouleau sont employés à la fabrication des sabots, au charronnage, à la menuiserie ; il ne se gerce pas et n'est pas exposé à la vermoulure (2). ·

On multiplie le bouleau de semis et au moyen de jeunes plants de 2 à 3 ans. Leur abondant chevelu assure presque toujours leur reprise.

Propagation.

Le semis réclame des soins dont tous les pépiniéristes eux-mêmes n'ont pas le secret. Mieux vaut donc planter que semer.

Nous avons cependant été témoin que la dissémination naturelle des graines provenant de vieux pieds et même de sujets de 12 à 15 ans, donnait naissance à beaucoup de jeunes plants. Il en sera toujours ainsi, pourvu que ces baliveaux soient près de massifs ou de taillis sinon frais du moins ombragés.

Pépinières naturelles.

Nous en avons extrait de la sorte d'assez grandes quantités de ces pépinières naturelles que chacun peut créer

Moyen de les favoriser.

(1) Mathieu, *Flore Forestière*, page 283.

(2) Parade, *Culture des Bois*, page 89.

avec des arbres mis en bordure ou disséminés dans de jeunes plantations ou des taillis.

Nous croyons même qu'il est préférable de se reposer sur les ingénieux moyens qu'emploie la nature pour répandre les graines et les déposer en lieu propice.

Comment se fait le bois ? Il est une vérité qui n'est pas assez connue des sylviculteurs, c'est que *le bois fait le bois.*

Exemple. On nous montrait dernièrement dans la forêt d'Amboise une sapinière qui est garnie d'une assez grande quantité de chêne, sans que la main de l'homme soit intervenue, pour laisser en disparaissant un taillis complet de remplacement.

Avantage d'interdire l'entrée des bois aux bestiaux. Ce fait démontre la rigoureuse nécessité d'expulser les animaux des terrains plantés, et de leur en interdire l'entrée n'importe à quel titre (1).

CONCLUSION.

En terminant ce travail nous sollicitons la faveur d'émettre un vœu :

Comment décidera-t-on les propriétaires à reboiser ? Si le gouvernement a la ferme volonté d'entrer dans la voie du reboisement pour reconstituer la Sologne et la rendre digne du grand et glorieux pays dont elle fait partie, ses intentions ne viendront-elles pas se heurter contre l'indifférence ou l'ignorance des propriétaires ?

Mesures administratives. Nous n'avons assurément pas d'avis à donner pour vaincre ces obstacles, cependant, mu par le grand désir de voir s'accomplir cette belle et généreuse transformation où la double question d'humanité et d'utilité publique est en jeu, nous demanderons si, sans faire l'application de l'édit de Henri IV (8 avril 1599) sur le dessèchement des marais, parce qu'il n'est plus en rapport avec notre temps, il ne

(1) En bonne administration les animaux destinés à l'exploitation des bois ne devraient y pénétrer que muselés.

serait pas urgent de recourir au décret de 1810 sur le boisement des dunes de Gascogne?

Si l'application de cette mesure, que le but justifie à tous égards, devait être considérée comme une contrainte et est appelée à soulever des mécontentements, ne pourrait-on pas employer des moyens d'encouragements, des stimulants qui souvent ont d'heureux effets? *Encouragements.*

Il conviendrait alors de diviser la Sologne et la Brenne en cinq à six circonscriptions forestières, d'établir un concours annuel où le sylviculteur qui aurait boisé une plus grande étendue avec le plus d'intelligence et d'économie, recevrait, sur l'avis d'un jury spécial, une prime d'honneur. *Application.*

« On ne saurait s'occuper, avec trop de sollicitude, du « choix des essences forestières et du soin de les répandre, « car il s'agit, pour l'avenir, d'un produit du sol dont la « valeur se comptera par centaines de millions, si on établit « ces plantations avec le concours d'une pratique sage et « éclairée (1). » *Ce qu'on pense en Néerlande du reboisement des terres vagues.*

Ce langage tenu dans une province du nord à propos de landes incultes qui y existent encore, contient un grave enseignement dont nous devons profiter.

Il n'est pas un homme doué de quelque esprit de prévoyance qui ne reconnaisse l'importance croissante de la propriété forestière et qui ne comprenne que la France ne doive et ne puisse se créer pour l'avenir, avec le reboisement, une incontestable augmentation de revenus. *Importance croissante de la propriété forestière.*

Quant à nous, nous n'avons eu qu'un but dans cet exposé, répondre aux désirs des hommes qui ont mis leur dévoûment au service des intérêts de la Sologne et rendre hommage à leurs intentions en nous y associant. *But de l'auteur de cet exposé.*

Nous nous estimerons heureux si nos paroles sont favo-

(1) *Opinion de la section de l'Over-Veluwe de la Société d'Agriculture de la Gueldre.* Réunion du 26 mars 1864, à propos de la mise en valeur par les bois des 700,000 hectares de terrains vagues que la Néerlande possède encore.

rablement accueillies et si elles deviennent le point de-départ de quelques améliorations dans le sens que nous croyons le plus opportun, celui de la conversion en bois de la plupart des terres incultes qui impriment à cette malheureuse contrée un cachet immérité d'impuissance végétative.

En fondant les domaines agricoles de La Motte-Beuvron, au sein même de la Sologne, l'Empereur a éloquemment répondu à ce reproche.

Les travaux qui s'y exécutent sous sa haute impulsion, démontrent que ce pays n'attendait, pour sortir de sa proverbiale infécondité, que l'initiative d'une main puissante et que celui qui a posé hardiment la première pierre de cette grande et juste réhabilitation a compris tout l'intérêt dont cette belle œuvre était digne.

Que les propriétaires, que tous ceux qui détiennent une parcelle de cette immense surface, obéissent à ce généreux appel et s'y rallient, et bientôt, la Sologne, reprenant une nouvelle vie, deviendra une oasis féconde (1) qui redira aux générations à venir ce qu'une volonté ferme et persévérante, soutenue par l'esprit du bien, peut accomplir pour augmenter les ressources de la population et la richesse territoriale !

(1) La Brenne, cette autre Sologne du département de l'Indre, était à l'époque de son boisement, il y a environ dix siècles, au dire de LA MARTINIÈRE et de M. BECQUEREL, *couverte de forêts entrecoupées de prairies arrosées d'eaux courantes, renommée par la fertilité de ses pâturages, recherchée par la douceur de son climat.*

« Elle est abondante en prés, dit aussi Franç. Lemaire, dans les *Antiquités de la Ville et du Duché d'Orléans*, en pâtis, bois de haute futaie, taillis, buissons, étangs, rivières, terres labourables, portant blé, méteil et seigle. »

———o:o:o———

OUVRAGES ET AUTEURS CITÉS.

Agriculture de la Gueldre (*Opinion de la section de l'*)

Augerer (*Forestier impérial, observations sur le pin noir d'Autriche, 1857.*)

Blanqui (*Rapport à l'Académie des sciences sur l'état économique et moral de la Corse.* Broch. in-4°, 1840, par).

Bodin (*Observations sur le Mélèze,* par).

Borreau (*Flore du centre de la France,* par).

Brongniart, Adolphe (*Rapport sur les plantations forestières de la Sologne,* par).

Boussingault (*Economie rurale et agronomie et chimie agricole,* par).

Boucart, Sous-Inspecteur des forêts (*de la Sylviculture dans l'Indre, 1861,* par).

Bulletin de la Société d'Agriculture de la Haute-Vienne, 1860.

Chambray, Marquis de (*Traité pratique des arbres résineux, 1845.*)

Cordier, Ingénieur des Ponts-et-Chaussées (*Economie rurale de la Flandre française,* par).

Carrière, chef des péninières du Muséum (*Traité général des Conifères,* par).

Cotta (H.), Conseiller supérieur des forêts en Saxe (*Principes fondamentaux de la Science forestière,* par).

Delamarre (*Traité pratique des pins, ou moyens de se créer une richesse millionnaire par cette culture,* par).

Duhamel (*Semis et plantations,* par).

Dulaure (*Histoire de Paris,* par).

Garault, Capitaine de frégate (*Etude sur le bois de construction,* par).

6

Gardner's chronicle, Revue anglaise.

HARTIG (*Instruction sur la culture des bois*, par).

HÉRIGOYEN (de), Conseiller forestier en Bavière (*Observations sur le pin noir d'Autriche, 1857.*)

Ingénieur en chef du service spécial d'améliorations (*de la canalisation de la Sologne, par l'*).

JOUBERT ET CHEVALLIER (*de l'agriculture en Sologne, 1845, par*).

KASTOFER (*Voyage dans les Alpes Rhétiennes*, par).

LAMY (*Monographie du châtaignier*, par), botaniste, auteur de la *Flore de la Haute-Vienne, 1860.*

LAVELEYE (*Economie rurale de la Néerlande, 1864, par de*).

LECLERC-THOUIN (*Agriculture de l'Ouest, 1843, par Osc.*).

LINNÉE, *Species plantarum.*

LAVERGNE (*Economie rurale de l'Angleterre, 1855, par L. de*).

MALESHERBES (*Plantations*, par).

MATHIEU, professeur à l'école forestière de Nancy (*Flore forestière, 1860,* par).

MACÉ (*La plante, Botanique simplifiée,* 1865, par J.).

OLIVIER (*Voyage dans l'empire Ottoman*, par).

PARADE, directeur de l'Ecole forestière de Nancy (*Culture des bois, 1860,* par).

Quaterly journal of Agriculture, revue anglaise.

ROYER, ancien inspecteur général d'agriculture (*Statistique agricole de la France, 1841,* par).

VIBRAYE, Marquis de (*Observations sur le pin noir d'Autriche, 1857.*)

TABLE EXPLICATIVE.

——◦◦⦂◦⦂◦◦——

A. Terrain de nature silico-argileuse ou siliceuse.
Le reboisement est en raison de la nature du sol. — Conditions diverses démontrant les procédés à adopter. — Essence — Procédé d'ensemencement et frais — Observation essentielle

B. Terrain de nature argileuse et argilo-calcaire.
Essences — Procédé d'ensemencement et frais — Procédé économique de reboisement avec les bois feuillus. — Application de ce procédé. — Choix du gland. — Procédé pour vérifier sa faculté germinative. — Frais. — Comparaison entre le semis au poquet et celui à la volée. — Economie de semence avec le semis au poquet. — Épandage du gland au semoir. — Son avantage. — Avantage du mélange des essences.

A. Terrain de nature silico-argileuse et siliceuse.
Mode de reboisement. — Frais de reboisement. — Perte des plants à la suite de la transplantation. — Avantage du semis au poquet. — Détail du procédé. — Frais. — Temps gagné par la transplantation sur le semis. — Etendue que les glands surabondants permettent de garnir — Nombre de plants obtenus par l'éclaircissage.

culture suivie n'est pas un obstacle au retour de la bruyère.
— La bruyère détruit les essences feuillues abandonnées
à elles-mêmes. — Manière de procéder avec la grande
bruyère à balais. — Avantages économiques de ce procédé. — Exemples de semis économiques. — Cas où une
pinière doit succéder à une pinière, et cas contraire. —
Cas de culture avant le retour du pin. — Inconvénients
de ce procédé. — Remplacement d'une pinière sans frais.
Gain du procédé — Danger de retour de la bruyère en
remplaçant les pins par des essences feuillues, — Cas où
ce remplacement réussira. — Culture dite préparatoire
pour disposer les brandes à recevoir les bois feuillus. —
Défrichement inutile pour les pins, — Une culture prolongée n'empêche pas la bruyère de reparaître. — Ses
effets. — Comparaison des produits des parties cultivées
et des parties boisées. — Avantage des parties boisées.

IVᵉ Question :

Ve Question :

N°	Nom vulgaire et Synonymique	Nom	Famille	Contrée où il a été choisi pour la première fois	Partie et Exposition	Âge son commencement	Nature des Feuilles	Nombre de Feuilles	Terrain le plus favorable	Mode de végétation	Mode de propagation usuelle	Époque de la ...	Époque du ...	Prix ...	Nombre de Graines ou ...	Racines	Époque de la Feuillaison	...	...
29	Cèdre de l'Atlas		Conifères																
30	Cyprès chauve		Conifères																
31	Mélèze d'Europe	Larix Europæa	Conifères																
32	Pin du Lord	Pinus Strobus	Conifères																
33	Pin Laricio	Pinus Laricio	Conifères																
34	Pin maritime	Pinus Maritima	Conifères																
35	Pin noir d'Autriche	Pinus Austriaca	Conifères																
36	Pin Sylvestre	Pinus Sylvestris	Conifères																
37	Sapin argenté	Abies ...	Conifères																
38	Sapin de Dougl.	Abies Douglasii	Conifères																
39	Sapin d'Espagne	Abies ...	Conifères																
40	Sapin Noble	Abies Nobilis	Conifères																
41	Sapin de Nordm.	Abies Nordmanniana	Conifères																
42	Sapin Picéa	Abies Picea	Conifères																
43	Acacia	Robinia Pseud-acacia	Légumineuses																
44	Bouleau	Betula alba	Bétulacées																
45	Châtaignier	Castanea	Cupulifères																
46	Chêne pédonculé	Quercus pedunculata	Cupulifères																
47	Chêne Tauzin	Quercus Toza	Cupulifères																

Observations:

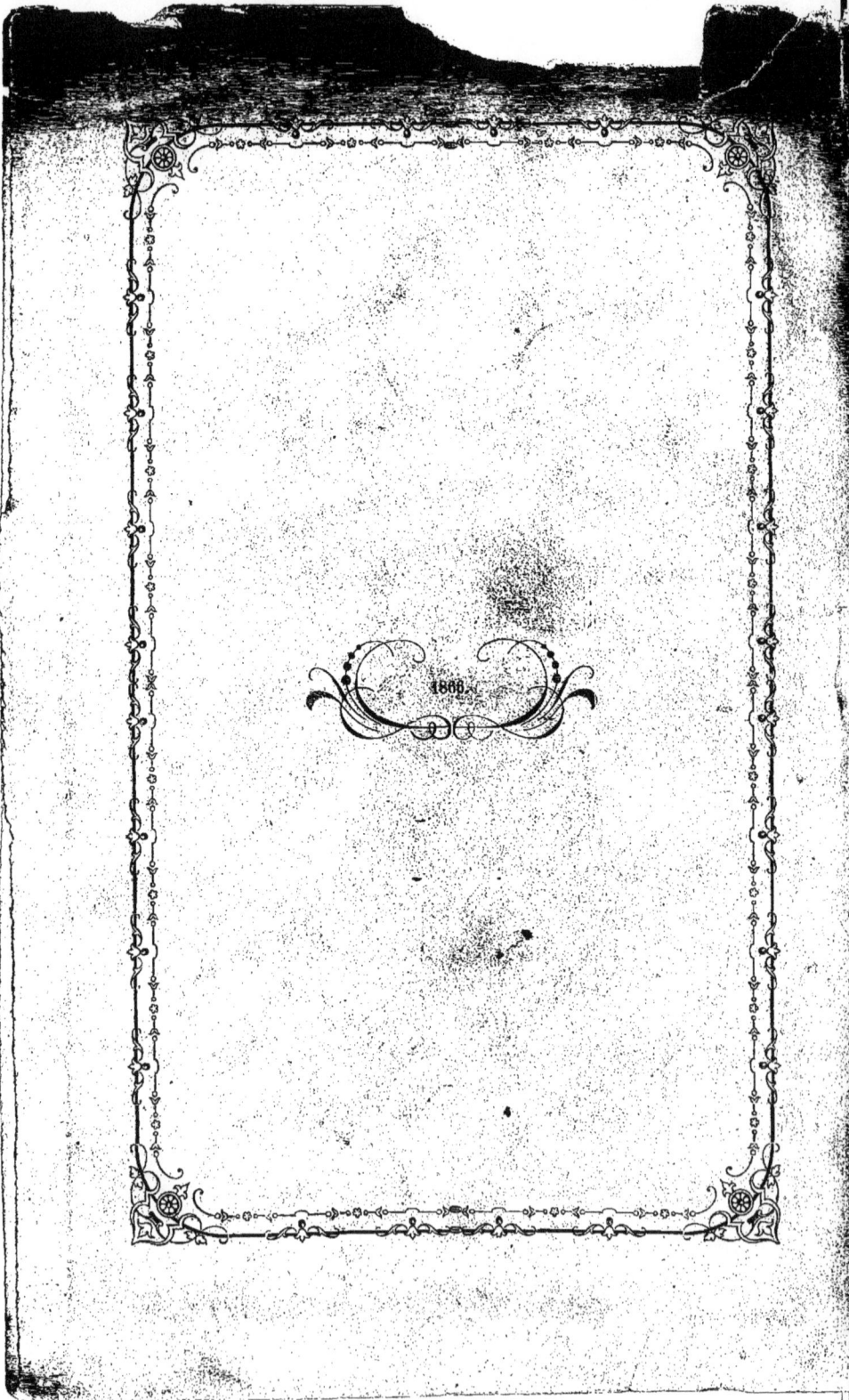

1868